코로나 시대
아이 생활
처방전

아동심리 전문가들이 제시하는 코로나 위기 극복 솔루션

코로나 시대 아이 생활 처방전

· 이화여자대학교 아동발달센터 지음 ·

와이즈맵

코로나로 지친 아이와 부모를 위하여

2020년은 누구도 예측하지 못했던 코로나19 바이러스로 인한 혼란과 두려움, 좌절과 무력감의 시간이었습니다. 지난 1년, 우리의 삶은 상상할 수 없을 만큼 많이 바뀌었습니다. 아이들은 학교에 가지 못한 채 집에 머물며 온라인 수업이라는 세계를 접해야 했고, 어른들은 재택근무를 하거나 아예 직장을 잃기도 했습니다. 소소하지만 즐거웠던 나들이도, 친구들과의 왁자지껄한 모임도, 자유를 외치며 떠나던 해외여행도 우리의 일상에서 희미해졌습니다. 이제 세계 곳곳에서 백신 접종이 시작되고 일부 긍정적인 전망이 나오고는 있지만, 여전히 이 위기가 언제 끝날지는 누구도 알 수 없습니다. 하루 빨리 상황이 나아져 코로나 이전의 소중한 일상으로 돌아가기만을 손꼽아 기다리지만 이제는 그런 기다림조차 우리를 지치게 합니다.

많은 사람이 나 또는 내가 사랑하는 사람이 감염될 수 있다는 두려움, 경제적 어려움과 정신적 불안정으로 인해 고통을 호소합니다. 그중 특히 극심한 변화를 겪어야 했던 건 바로 어린 자녀를 돌보는 부모들이었습니다. 경제적 현실과 부양가족에 대한 문제, 특히 아이가 학교에 가지 못하는 이례적인 상황 등을 접해야 했기 때문이지요. 부모들은 온라인 수업 탓에 아이가 학업에서 뒤처지는 건 아닌지 늘 불안하고, 일과 살림을 챙기는 동시에 하루 종일 아이의 학업과 양육까지 책임져야 하는 이중고에 시달리고 있습니다.

하지만 아이는 아무리 잔소리를 해도 온라인 수업에 집중하는 것 같지도 않고, 볼 때마다 컴퓨터 게임과 스마트폰 속 사이버 공간에 빠져 있는 것만 같습니다. 밖에 나가지도 못하고 하루 종일 붙어 있다 보니 아이들은 계속 싸워대고, 부모 역시 짜증스럽게 목청을 높일 때가 많아졌습니다. 코로나 이전에 말 잘 듣던 내 아이는 어디로 간 걸까요? 아이와 더 많은 시간을 보낼 수 있게 된 것은 반길만한 일인데 왜 이렇게 힘든 걸까요? 내가 좋은 부모가 아니라서 그런 걸까 자책하고, 모든 것이 혼란스러워 자존감은 땅에 떨어져 버렸습니다. 그나마 배우자라도 이해해주면 좋겠지만, 오히려 예전보다 대화는 줄고 서운함만 커져가기도 합니다. 예전처럼 사람들과 만나 대화를 나누거나 여행이라도 떠나 스트레스를 풀어버릴 수도 없다 보니 늘 혼자인 것만 같아 우울하기 그지없습니다. 가장 힘든 건 이 상황이 언제 끝날지 아무도 알 수 없다는 사실입니다.

요즘 많은 부모가 이처럼 신체적, 정신적으로 어려움에 처해 있는 것이 현실입니다. 한 연구에 따르면, 이렇게 심각한 스트레스나 불안, 우울감 등의 문제는 단순히 부모의 문제에서 그치지 않고 부부 관계를 변화시키고, 양육 행동에도 작용해 부모와 자녀의 관계, 더 나아가 자녀의 정신건강에도 영향을 미치게 됩니다. 나뿐만 아니라 우리 가족 전체가 건강하게 잘 기능하고 행복하기 위해 뭔가 해결책이 필요한 시점입니다. 다행히도 우리는 그 길을 찾아낼 수 있습니다! 이 책은 코로나라는 예측 불가능한 상황에서 우리가 직면한 문제와 그에 대한 해결법, 가족의 건강하고 행복한 삶을 위해 부모들이 꼭 알아야 할 정보들을 담았습니다. 가족에 대한 신뢰를 갖고, 제대로 대처한다면 아무리 힘든 상황도 극복할 수 있습니다.

무너진 아이들의 일상생활

매일 아침 등교 준비를 하고, 학교에 가 수업을 듣고, 방과 후에는 친구들과 함께 뛰어놀거나 학원에 가던 아이들의 일상이 무너졌습니다. 규칙적인 일과는 예측 가능한 환경을 만들어 아이들에게 통제감과 안정감을 제공합니다. 극심한 자연재해나 대형 인명사고 시기에도 가장 먼저 학교를 열어 수업과 여러 활동들을 진행하는 이유도 바로 그때문입니다. 주말이나 방학처럼 학교에 가지 않을 때에는 아이들이 늦게 일어나 아침식사를 거르고, 꼼짝하지 않고 앉아 몇 시간씩 컴퓨터 게임만 한다든지, 몸에 좋지도 않은 간식거리만 계속 먹는 일 등을 쉽게 볼 수 있습니다. 그런데 코로나로 인해 규칙적으로 학교에 가지 못하는 상황이 장기화되면서 무너진 일과는 학업 수행뿐 아니라 신체적, 정신적으로도 부정적인 영향을 미칠 수밖에 없습니다. 따라서 코로나 상황에서 어떻게 하면 규칙적인 일과를 유지할 수 있는지, 우리 아이에게 건강한 생활습관을 찾아줄 수 있는 방법은 무엇인지 그리고 무엇보다 어떻게 해야 아이들이 관계 부족으로 인해 사회성 문제가 생기거나 심리적으로 상처를 입지 않을지 그 해법을 찾아봐야 할 것입니다.

코로나 시대에 꼭 필요한 건강한 가정 규칙

코로나로 인해 아이들의 일상이 무너진 요즘, 규칙의 역할이 특히 중요해졌습니다. 부모가 집에서 근무 중이거나 자녀가 온라인 수업 중일 때 가족들은 어떻게 해야 하는지, 부부 간에 역할 분담은 어떻게 할지, 언제까지 과제를 마쳐야만 하는지, 하루에 게임이나 인터넷 사용은 얼마나 허용될 수 있는지, 언제 집 밖에 나가 놀 수 있는지 등 다양한 경우에 대한 규칙 설정과 그에 대한 수정, 보완이 필요해졌습니다. 가정 안에서의 규칙이란 무엇을 하고 무엇을 하지 말아야 하는지, 가족 간의 상호 작용을 다스리는 행동 기준을 의미합니다. 이때 명확한 규칙과 일관성 있는 결과는 부모-자녀 간의 불필요한 갈등을 줄이고 아이의 문제 행동을 완화하는 데 중요합니다. 가령 형이나 언니에게는 엄격하게 적용되는 규칙이 동생은 아직 어리다는 이유로 그냥 넘어가고 있다면 형제자매 간 갈등과 불화의 원인이 되고 가족 전체에도 부정적 영향을 줄 수 있습니다. 지금이라도 코로나 팬데믹 속에서 우리 가족은 어떤 규칙을 가지고 있는지, 그것이 합당한지, 모두에게 일관되게 적용되고 있는지 등을 생각해 봐야 할 것입니다.

규칙과 관련해 주의해야 할 것은 부모가 가족 규칙을 혼자 정한 후 일방적으로 아이에게 전달해서는 안 된다는 점입니다. 아이가 아무리 어리더라도 대화를 통해 함께 규칙을 만들고, 그 규칙이 왜 필요한지를 아이의 수준에 맞춰 쉽게 설명해줘야 합니다. 그런데 지금처럼 위험한 상황에서 부모는 아이를 보호한다는 명목 하에 자율성을 인정하지 않고, 자신의 규칙만을 내세우거나 강압적으로 통제하려는 권위주의적인 양육 스타일을 보이기 쉽습니다. 이는 부모-자녀 간 적대감과 갈등을 부추기게 됩니다. 게다가 부모가 코로나로 인한 심한 스트레스나 우울, 불안 등을 경험하고 있다면 더 심하게 화를 내고 언어적으로나 신체적으로 거칠게 훈육할 가능성이 커집니다. 이러한 방식은 당장은 효과적으로 보일 수 있지만, 아이의 반감과 분노를 유발하며, 부모와의 관계를 손상시켜 결국 부모를 피하게 만드는 결과를 낳습니다.

가족 관계의 재발견

코로나로 인한 혼돈 속에서 가장 주목받는 주제 중 하나가 바로 '가족 관계'입니다. 그 어느 때보다 가족이 함께하는 시간이 긴 요즘, 우리 가족들은 어떤 관계를 맺고 있는지 살펴봐야 합니다. 가정 내 관계를 긍성석으로 유지하는 것은 가족이 직면한 위기나 역경에 대처할 때에 아주 중요합니다. 긍정적 대인관계가 신체 건강뿐 아니라 개인의 행복과 즐거움에도 영향을 준다는 사실은 이미 많은 연구를 통해 밝혀졌습니다. 이러한 긍정 정서는 스트레스로 인한 부정적인 감정을 상쇄시키고, 우리의 사고를 확장시켜 더 많은 가능성과 해결책을 찾을 수 있게 합니다. 이러한 일련의 변화는 역경에 잘 대처할 수 있게 도우며, 결과적으로 우리는 더 많은 긍정 정서를 경험하게 됩니다.

이는 가족 관계에서도 동일하게 작용합니다. 어떤 요소가 사람들의 관계 속에서 긍정적인 역할을 하는지 생각해 보면, 가족 내에서도 크게 다르지 않습니다. 상대의 이야기를 잘 들어주고, 서로 솔직하게 의사소통하며, 어려울 때 옆에서 위로하고 지지하며 필요한 도움을 주고, 역경에 함께 대처해 문제를 해결하고, 기쁨과 즐거움을 공유하는 것이 핵심입니다.

하지만 아직도 많은 부모가 아이들과의 솔직한 대화를 어려워합니다. 특히 예민한 주제를 다룰 때면 더욱 그렇습니다. 예를 들어 누군가의 죽음이나 사고가 발생했을 때 안 좋은 기억에 대한 대화는 가급적 줄이고, 아무 일도 없는 것처럼 행동하는 것이 아이에게 도움이 된다고 생각합니다. 혹시나 아이들이 상처를 받지는 않을까 하는 걱정과 조심스러운 마음이 클 것입니다. 그러나 이런 스트레스 상황에서 부모가 한 인간으로서 얼마나 힘든지, 그리고 어떤 방식으로 대처하고 있는지

절제된 태도로 이야기하고, 아이는 어떤 생각과 감정을 갖고 있는지를 진지하게 들어주며 함께 해법을 생각해보는 '과정'이 중요합니다. 이런 솔직한 대화는 아이를 혼란 속에서 구출할 뿐 아니라 앞으로 어떤 어려움이든 내 부모에게는 솔직하게 이야기하고 도움을 청할 수 있다는 강한 믿음을 키워주기 때문입니다. 나의 힘든 감정들이 가족에게조차 말해서는 안 되는 '나쁜 것'이라는 신호를 받게 된다면, 아이는 부모뿐 아니라 다른 사람들과의 관계에서도 어려움을 겪게 됩니다. 아이는 감정을 솔직히 말하는 대신 머리도 아프고, 배도 아프고, 여기저기 아프다고 이야기하거나 자신의 힘든 감정을 더 어린 동생이나 애꿎은 다른 아이들에게 공격적인 행동으로 풀어버릴 수도 있습니다. 그렇게 해서라도 아이는 자신이 많이 힘들고 도움이 필요하다는 사실을 전달하기를 원하기 때문입니다.

코로나 상황에서도 마찬가지입니다. 아이가 각종 미디어를 통해 코로나의 위험에 대해 너무 많이 노출돼 극히 불안해할 때, 친구나 가족 등 아는 사람이 확진돼 공포를 느낄 때, 계속된 온라인 수업과 사회적 고립으로 무기력과 우울감을 느낄 때, 이에 대해 솔직하게 대화를 나누는 것이 무엇보다 중요합니다. 이러한 의사소통을 통해 부모는 아이의 힘든 감정이 잘못된 것이 아니라 너무나 당연한 것임을 인정해주고, 위험에 대한 명확한 정보를 제공해줘야 합니다. 그런 과정에서 아이의 왜곡된 생각을 바로 잡고, 지나친 불안이나 우울, 스트레스에 대해 적절한 조절방식과 대처방식을 학습시킬 수 있습니다. 자녀의 어려움에 대한 부모의 민감한 반응과 정서적 지지, 어려운 시기를 함께 헤쳐 나간다는 동지 의식은 부모와 자녀 간의 친밀감과 신뢰를 높여주고, 이는 자녀로 하여금 부모의 긍정적 가치관을 내재화해 행동을 조절하게 하는 원동력이 됩니다.

가족 간의 긍정적 관계를 유지하는 데 중요한 역할을 하는 것으로 '가족 의식'이 있습니다. 그러나 사회적 거리두기로 인해 그동안 해왔던 활동들이 축소된 만큼 이러한 빈자리를 메꾸는 것 또한 중요합니다. 가족의 가치관과 태도를 공유하고, 함께 활동하며 기쁨을 나누는 것은 '하나'라는 공동체 의식을 강화시켜줍니다. 집에 함께 있는 시간이 늘어난 것이 익숙하지 않은 가정에서는 이런 상황이 스트레스 요인이 될 수도 있지만, 동시에 부모와 자녀, 형제자매 간의 상호 작용을 늘리고 서로를 알아갈 수 있는 더 없이 좋은 기회이기도 합니다. 한정된 범위 내에서라도 모두가 함께 할 수 있는 가족 활동을 고안하고, 이 과정에서 서로에 대한 존중과 관심을 표현하고 소통한다면 가족 간 유대와 친밀감은 훨씬 강화될 것입니다. 따라서 가족이 긍정적 관계를 유지하며 즐겁게 생활하기 위해 적극적으로 노력하는 것은 코로나 팬데믹이라는 스트레스 상황에서 아이와 부모, 모두의 행복을 위한 핵심 열쇠입니다.

코로나를 극복해나가는 모든 가정을 응원하며

거의 무방비 상태에서 코로나 바이러스의 위기 속으로 휩쓸려 들어간 지 1년이 넘었습니다. "곧 괜찮아지겠지, 조금만 참으면 다 원래대로 돌아갈 거야"라는 믿음으로 인내하며 버틴 지도 벌써 1년. 괜찮아질 거라는 믿음, 아니 그렇게 믿어야만 버틸 수 있는 절박함이 의도치 않게 우리 아이의 혼란스럽고 지친 마음, 그런 아이와 내 가족을 돌봐야 한다는 부모들의 삶의 무게와 당혹스러움을 그냥 방치하게 만들었던 것 같습니다. 그러나 이제 우리는 바이러스와 함께 살아야 하는 새로운 인류의 여정에 들어섰습니다. 코로나19가 인류의 마지막 바이러스가 아니며, 또 다른 위기가 언제든 등장할 수 있다고 합니다. 따라서 이제는 바이러스가 언젠가 사라져 돌아가게 될 꿈만 같은 예전의 일상이 아니라, 바이러스의 위기 한가운데서 벌어지고 있는 '지금 여기'에서 해결 방법을 찾아야 합니다. 이 책《코로나 시대 아이 생활 처방전》은 그런 목적에서 마련되었습니다. 처음 겪어보는 상황에서 부모들이 특히 다루기 힘들어 하는 아이의 사회적, 인지적, 정서적 어려움들에 대해 실제 사례와 함께 아동심리 전문가의 해결방안을 정리하고, 아이를 양육하는 부모가 어쩔 수 없이 겪게 되는 스트레스와 심리적 어려움, 부부 간의 갈등 문제에 대해서도 유용한 팁을 담았습니다. 코로나 시대에 우리가 경험하는 모든 문제를 다루지는 못했지만, 부모들이 꼭 알아야 할 문제를 중심으로 새로운 관점과 기본적인 정보, 실제적 해결책을 제공하기 위해 노력했습니다. 코로나 팬데믹 속에서도 가족 모두가 건강하고 행복하게 살기 위해 어떤 것들이 필요한지 다시 한 번 점검해보고, 여러 전문가들이 제시하는 솔루션을 하나씩 적용해 나간다면 긍정적 변화가 생겨날 것이라 믿어 의심치 않습니다.

희망은 단순히 미래에 대한 낙관적인 기대를 갖는 것이 아니라, 삶의 목표와 그것을 달성하기 위한 여러 전략, 어려움 속에서도 반드시 목표를 달성해낼 것이라는 의지를 세우는 일입니다. 지금은 시간이 지나가면 다 잘 될 것이라는 맹목적 믿음이 아닌 희망이 필요한 시점입니다. 이 책이 여러분에게 희망의 씨앗을 심어줄 수 있기를 바라며 응원과 지지를 보냅니다.

03 SNS를 너무 많이 사용해요 _소셜미디어 사용

Part2 코로나와 온라인 수업 문제

01 온라인 수업 때마다 집중을 못해요 _주의집중력 부족

02 아이가 버리는 시간이 너무 많아요_자율성과 시간 관리

03 스마트폰과 컴퓨터를 끼고 살아요_디지털 기기와 인지학습

Part 1

코로나와
아이의 사회성 문제

01

친구도, 선생님도 못 만나 힘들어해요

사회성과 관계

올해 초등학교 1학년이 된 세진이는 코로나로 인해 유치원 졸업식도, 초등학교 입학식도 제대로 하지 못한 채 초등학생이 되었습니다. 입학은 했지만 막상 제대로 된 수업을 한 날은 며칠 되지 않습니다. 등교일이 늘어나 학교에 적응할만하면 금세 다시 휴교가 되고 주 1~2회만 출석을 하다보니 집에 있는 시간이 점점 늘어갔습니다. 유치원 때보다도 세진이와 엄마가 함께 보내는 시간은 많아졌고 그만큼 엄마의 잔소리도 늘었습니다. 세진이는 혼자서 잘한다고 생각했던 일도 제대로 하지 않고 늑장을 부릴 때가 많아졌습니다. 그리고 세진이는 또래와 어울릴 시간이 많이 줄었고, 반 친구들과도 친해질 만큼 자주 만나지도 못하는 상황입니다.

난 요즘 너무 심심하다. 유치원 졸업식도, 초등학교 입학식도 못 갔다. 학교가 어떤 곳인지도 아직 잘 모르겠다. 가끔 학교에 가면 친구랑 선생님을 만나지만 종일 마스크를 쓰고 있어서 누가 누군지 헷갈린다. 여섯 살 때부터 다닌 태권도 도장도 잘 못 가서 잘하던 발차기도 잊어버린 것 같다. 엄마는 지금처럼 공부를 안 하면 유치원생보다도 못하게 될 거라는데 이러다 진짜 바보가 되는 건 아닐지 걱정이다. 그렇다고 어떻게 공부해야 하는지도 모르겠다. 엄마, 아빠는 자꾸 잔소리만 하고, 바쁘다고 잘 놀아주지도 않고, 친구들도 자주 못 만나서 너무 심심하다. 이대로 학교에 못 가는 것도 걱정이지만 매일 가는 것도 너무 귀찮고 싫다. 그냥 다시 유치원으로 가고 싶다.

초등학교에 입학을 했는데도 제대로 학교생활을 누리지 못하는 아이의 모습이 많이 안쓰럽다. 집에서의 생활이 처음에는 적응하며 지낼 만했지만 자꾸 게으름 피우고 늘어져 있는 아이의 모습을 볼 때마다 한심하기도 하고 조바심이 난다. 유치원에 다니던 작년보다 더 의젓하게 행동하길 바랐는데 평소에 혼자 잘하던 것도 엄마에게 의지하면서 점점 더 아기가 되어가는 것 같아 잔소리만 하게 된다. 게다가 또래와 어울릴 수 있는 장소인 학교에 가지 못하고 있으니 사회성도 걱정된다. 이렇게 사회적인 관계가 단절된 시간이 길어지면 나중에 다른 사람과는 잘 어울릴 수 있을지, 다시 학교에 갔을 때 잘 적응할지도 걱정이다.

아이들의 사회성이란 무엇인가요?

사회성이란 '사회적인 기준에 맞게 행동하면서 주변 사람들과 잘 어울리고, 새로운 사람과 새로운 환경에 잘 적응하고 유지하는 능력'을 말합니다. 단순히 한 가지 영역만이 아닌 도덕성, 자기조절 능력, 공감능력, 자기개념 등의 발달이 총체적으로 이뤄져야 만들어질 수 있습니다. 무엇보다 중요한 점은 글로만 배울 수 없다는 것입니다. 간접 경험도 물론 도움은 되겠지만 직접 부딪치고 느껴보는 실전 경험을 통해주로 학습되는 능력이기도 합니다. 그렇기 때문에 사회적 관계 경험에제한이 있는 지금과 같은 시기에는 그에 대한 보완이 필요할 것입니다.

집 안에만 있는 게 아이에게 어떤 영향을 줄까요?

성인도 자신의 의지가 아니라 강제로 집 안에 갇혀 지내는 상황에놓이게 되면 아무리 내 집이어도 그 상황을 휴식이나 편안한 시간으로생각하기는 어려울 겁니다. 지금 아이들이 처한 상황이 그렇습니다. 쉬고 싶어서 집에서 쉬는 게 아니라 안전을 위해 되도록 나가지 말고, 가능하면 사람도 만나지 말라는 통제 속에 놓여 있습니다.

초기에는 집 안에 머물러야만 하는 상황에 불안해하면서도 시간 압박이 없는 느긋한 일상에 적응도 했을 것입니다. 하지만 그런 일상을 보내는 시간이 장기화되면서 아이들에게는 신체적, 심리적 변화가 생깁니다. 수면 시간이 늘어나고, 규칙적인 생활 패턴이 무너지고, 활동량은 줄어들면서 체중이 늘었을 것입니다. 성인들은 활력이 떨어지는 신체와 심리적 변화를 경험하고 있습니다. 아이들의 경우 일상의 모든 것이 발달의 과정입니다. 다양한 경험들이 유기적으로 발달을 촉진시켜주기 때문에 집 안에서 주로 생활하는 것 자체가 발달의 불균형을 초래할 수밖에 없습니다. 특히 뛰고 매달리는 등의 활동으로 에너지를 발산하며 성장하는 활발한 성향의 아이들에게는 집 안에만 있으라는 상황이 더욱 괴롭고 불만이 쌓일 수밖에 없습니다. 반면에 집 밖으로 나가기 귀찮아하고 변화에 대한 불안이 높은 아이들의 경우에는 집 안에만 있는 게 오히려 외부로 나가지 않아도 되는 좋은 핑곗거리가 될 수 있다는 점을 주의해야 합니다.

아이가 사람들과 많이 만나지 못하면 어떤 문제가 생길까요?

사회성은 글로 배울 수 있는 게 아닙니다. 다른 사람들과 직접 부딪쳐봐야 경험을 통해 어려움도 느끼고 적응하는 법도 배우게 됩니다. 또래관계를 형성하기 위한 유치원이나 학교에서의 교류가 원활하지 않은 지금과 같은 상황에서는 관계의 결핍을 느낄 수밖에 없습니다. 또래관계에서 발생할 수 있는 학교 폭력이나 갈등 문제는 상황상 보이지 않거나 줄었지만, 또래관계가 아이들에게 가져다줄 수 있는 즐거움과 재미, 갈등 시 문제해결 방법을 습득할 기회, 타인에 대한 배려와 이해 등을 배울 수 있는 경험과 시간 또한 박탈되는 것이지요.

굿네이버스에서 실시한 〈2020 아동 재난대응 실태조사〉를 보면 코로나로 아동이 겪은 어려움에 대한 응답으로 첫 번째 '사회적 거리두기로 외부·놀이활동을 자유롭게 못하는 것(23.6%)', 두 번째 '온라인 수업 참여와 숙제 제출(20.2%)', 세 번째 '친구들을 마음 편히 만날 수 없는 것(15.7%)', 마지막으로 '인터넷 사용 및 게임 등으로 인한 부모님과의 갈등(12.9%)'의 순서로 나타났습니다.

코로나로 인한 장기적인 영향에 대해서는 추후 연구가 더 필요하겠지만 아이들이 체감하는 어려움들은 대부분의 사람들이 예상하듯 외부활동 감소, 학습, 또래관계 결핍 등의 순서로 나타났습니다. 코로나로 인한 사회적 단절이 장기화되고 있는 시점에서 사회적 관계를 경험하는 활동 역시 어쩔 수 없이 부족한 상황입니다. 그렇기 때문에 그 결핍을 다 채울 수는 없겠지만 가족과의 활동, 이후 소개될 소셜미디어를 활용한 활동 등을 활용해 보완하기 위한 노력이 필요합니다.

워킹맘이라 아이와 생활하는 시간이 짧은데 괜찮을까요?

워킹맘의 경우에는 아이들과 함께 지내는 시간이 전업맘에 비해 적을 수밖에 없습니다. 그래서 어린 아이들이 엄마와 조금이라도 더 놀고 싶어서 엄마의 퇴근 시간을 기다리느라 늦게 잠드는 경우도 많습니다. 워킹맘은 아이들이 필요로 할 때 옆에 있어 주지 못하는 것에 미안함을 느끼며 출근을 합니다. 하지만 사람과의 관계에서는 단순히 양적인 시간이 중요한 게 아니라 짧은 시간이더라도 얼마나 질적으로 풍족한 시간을 만들었는지가 중요할 것입니다.

굿네이버스 〈2020 아동 재난대응 실태조사〉에 따르면 '코로나19와 아동의 일상변화' 항목에서 미취학 아동이 일상에서 가장 많이 한 활동을 코로나 이전과 이후로 살펴봤을 때, 놀이 활동(가족과 함께 시간 보내기, 성인과 함께 놀이 활동하기) 비중은 감소하고 TV 및 유튜브 시청은 증가했습니다. 초등학교 고학년의 경우엔 친구들 만나기, 학교 정규 수업 외(학원, 과외) 공부시간이 감소했고 게임하기, 영화 및 TV, 넷플릭스, 드라마 시청 시간은 증가했습니다. 이처럼 코로나를 전후로 사람과의 긍정적인 관계 경험을 쌓아 지식을 습득하고, 성장 발달할 수 있는 시간은 줄어든 반면 일방적인 미디어 시청 시간은 늘어나고 있다는 점이 문제일 것입니다. 부모님의 재택근무와 외출 자제 등으로 함께 있는 양적인 시간은 증가했지만 그 시간을 건설적으로 사용하기엔 부족했던 것 같습니다. 가사와 업무가 혼재되어 평소 체계가 잡혀있던 가정 내 질서가 흐트러진 것도 원인일 것입니다. 부모가 재택근무하지 않는 경우에도 아이의 외부활동이 줄어들어 어쩔 수 없이 다른 가족들과 함께 부딪치며 지내야 하는 기간이 길어지면서 개인 시간을 갖지 못하게 되면 서로 자신의 영역을 침범한다고 느끼기 쉽습니다.

결국 아이들과 시간을 얼마나 보냈는지보다 '어떻게' 보냈는지가 중요합니다. 아이들과 양질의 시간을 보내기 위해 그동안 미뤄뒀던 일을 함께 하는 의미 있는 시간으로 활용해보세요. 가족이 함께 협동해서 성취감을 얻을 수 있을 것입니다. 그리고 각자 개인의 시간을 존중하는 배려를 통해 서로를 소중히 생각하고 쉴 수 있는 시간을 만들어주는 것도 필요합니다.

양질의 시간 보내는 Tip

① 가족이 함께 하는 활동하기
  · 게임하듯 대청소하기: 가족 모두 각자 구역을 정해 시합하듯 하면 재미와 성취감을 함께 얻을 수 있다. 청소 전후를 사진으로 비교하면 보람도 느낄 수 있다.
  · 가족공연·전시 해보기: 역할을 나누고 초대장, 티켓, 의상, 전시품 등 소품을 직접 만들며 놀이로 활용할 수 있다.
② 개인 시간 존중하기
  · 주말에 부모 각자에게 육아, 업무 벗어난 시간 주기.
  · 아이가 원하는 놀이 하기(이때 게임, TV시청 등은 배제).

아이의 사회성 증진을 위한 부모의 대화기술

   지금처럼 가족이 오랫동안 시간을 보내는 시기는 아이들과 많은 대화를 나눌 수 있는 좋은 기회입니다. 이 시기를 아이들에게 대화하는 법을 알려주고 사회성을 키워줄 수 있는 시간으로 활용하면 좋을 것입니다.

☑ 부모가 먼저 표현을 많이 하세요

대화를 많이 하는 부모와 함께 자란 아이일수록 수다스러운 경우를 많이 보았을 겁니다. 감정 표현도 마찬가지입니다. 표현을 다양하게 하는 부모와 대화를 많이 나눈 아이일수록 감정과 관련된 어휘력과 이해 정도가 높아집니다.

☑ 아이가 이야기할 때는 일단 들어주세요

이야기를 끊지 말고 일단 아이의 말을 끝까지 들어주세요. 경청하는 자세를 보일수록 아이들은 자신의 속 이야기를 더 말하고 싶어 합니다. 아이의 이야기가 너무 장황하게 길어질 경우에는 핵심적인 부분만 되짚어주시면 됩니다. 그런 과정이 반복되면 아이도 어떻게 표현해야 잘 전달이 되는지 자연스럽게 요령을 터득하게 됩니다.

☑ 아이의 이야기에 가르침보다는 공감을 먼저 해주세요

아이가 마음속 이야기를 털어놓을 때는 가르침이나 훈계의 말을 하고 싶은 충동을 참아주세요. 부모님에게 아이가 자신의 일상 이야기를 털어놓을 때는 혼나고 싶어서가 아니라 그 상황에 대해 위로받거나 칭찬받고 싶은 경우가 많습니다. 자신이 아닌 친구가 실수했거나 혼난 경우를 말할 때도 있는데 그런 경우는 나는 잘 해냈고, 혼나지 않았으니 얼마나 착한 아이인지를 비교해서 보여주고 싶어 하는 것으로 보시면 됩니다. 이러한 아이의 의도를 알아차리고 부모님이 공감하는 과정이 있어야 아이도 또래나 주변 사람들에게 같은 방식으로 베풀 수 있게 됩니다.

내성적인 아이와 외향적인 아이를 위한 맞춤형 솔루션

똑같은 환경에서도 아이의 성향에 따라 받게 되는 스트레스의 정도와 상황을 받아들이는 자세가 다를 수 있습니다. 따라서 아이 성향에 맞춰 부모의 대처 방법을 바꿔주면 더 효과적으로 도울 수 있습니다.

① 내성적인 아이

수줍음 많고 내성적인 아이들은 코로나로 인해 안정감을 느끼는 집 안에서 주로 생활하는 이 시간을 오히려 편하게 여길 수도 있습니다. 하지만 지금과 같은 상황은 일반적이지 않기 때문에 오히려 그 편안함에 익숙해지지 않도록 준비시킬 필요가 있습니다. 가벼운 외출을 하거나 주변 사람들과의 만남에서 어떤 태도로 부모가 아이를 다루어야 할지 잘 기억해주세요.

🌱 밖에서 잘 표현하지 못 한다고 창피 주지 마세요

요즘은 이미 외부에 나간 것 자체가 많은 긴장과 스트레스를 유발하는 상황입니다. 그때 이웃에게 인사를 제대로 안 했다거나 필요한 대답을 적절히 하지 못한 것으로 면박을 주거나 비난하게 되면 아이는 그런 상황을 계속 피하고 싶어질 것입니다.

☑ 수줍음 많은 아이로 낙인찍지 마세요

아이의 행동에 앞서 마주하는 상대방에게 부모가 먼저 "얘는 수줍음이 많아요"라고 말해버리면 아이는 더 말하기 힘들어집니다. 또한 그 말을 듣고 있는 아이는 자신에 대해 '수줍음이 많은 아이' '대답을 잘 못하는 아이'로 평가해버리고 스스로 그 이상의 노력을 기울이기 힘들어집니다.

☑ 새로운 상황에 대한 준비를 해주세요

새 학기에 자기소개를 하는 경우, 친구 생일에 초대받은 경우 등 특별한 상황에서 어떤 말을 하면 좋을지를 아이와 미리 이야기해보는 것만으로도 많은 준비가 될 것입니다. 평소와 다른 상황에 놓이게 되면 대화를 많이 안 해본 아이일수록 순발력이 떨어져서 어떻게 반응해야 할지 몰라 당황하다가 그 일을 더 안 좋은 기억으로 남기게 될 수 있습니다. 학습하듯 주입식으로 알려주지 말고 역할놀이를 통해 상황을 만들어서 자연스럽게 익히는 방법도 좋을 것입니다. 아이가 경험해보지 않은 일에 대해 겁을 주기보다 그 상황에서 얻게 되는 긍정적인 부분을 부각시켜주어 기대감을 갖게 해주시면 좋습니다.

☑ 아이에게 선택의 기회를 많이 제공해주세요

자기주장을 하기 어려워하는 아이들은 자신의 생각을 정확하게 말하기 힘들어 하는 경우가 많습니다. 따라서 답이 정해져 있지 않은 개방형 질문을 하기보다는, 2~3개의 예시를 주고 선택하도록 해 아이가 답을 하는 부담을 줄여주는 게 좋습니다. 하지만 부모가 스스로 결정해야 할 문제를 아이에게 묻거나, 아이에게 선택을 떠넘기는 것은 좋지 않습니다. 또한 아이가 원하는 답을 했는데도 결국 부모님이 원하는 대로 유도하는 방식도 피해야 합니다.

② 외향적인 아이

사람과의 관계지향성을 가진 외향적인 아이들이 집 안에서 그 에너지를 다 발산하기란 매우 어렵습니다. 학교, 학원 등을 자유롭게 다니지 못하고 집 안에 오래 머무는 상황은 외향적인 아이들에게 특히 더 답답하고 지루하게 느껴질 것입니다. 똑같이 집에 갇힌 상황에서 내향적인 아이들은 편안함을 느꼈다면 외향적인 아이들은 그 상황이 스트레스로 작용해 짜증스럽게 반응하기 쉽습니다. 짜증내고 신경질 부리는 부정적인 모습만 보지 말고 아이가 얼마나 답답할지를 부모님이 먼저 헤아려주면 그 마음을 이해하기가 수월해질 것입니다.

☑ 미디어를 이용해 집에서 할 수 있는 신체활동을 활용해보세요

장시간 집 안에서 지내면서 온라인 수업, 유튜브 등 다양한 미디어의 사용이 증가하고 익숙해지고 있습니다. 온라인 체육수업이나 홈트 영상 등

을 잘 활용하면 아이들이 집에서도 효과적으로 에너지를 발산하는 데 도움이 될 수 있습니다.

☑ 안전하게 외부활동을 하도록 지도해주세요
자전거를 타거나 산책을 하는 등 개인활동을 가족과 함께 할 수 있도록 시간을 할애해주세요. 햇빛을 쬐고 몸을 움직이는 것만으로도 많은 활력을 제공해 줄 수 있습니다.

☑ 사람들과 소통할 수 있도록 해주세요
실시간 화상통화로 보고 싶던 친구나 친척과 만나는 방법을 이용할 수 있고, 직접 만나지 않더라도 손편지를 써서 우편함이나 현관문에 붙여두는 방법을 이용해 서로 관계가 이어지고 있음을 느끼도록 해주는 것이 좋습니다.

관계 기술을 키워주는 역할놀이

아이들에게 '놀이'란 가장 자연스러운 방식으로 발달을 촉진시켜주는 활동입니다. 아이들의 연령에 따라 표현하는 방식, 타인의 감정에 대한 공감 능력의 수준이 다릅니다. 따라서 미취학 아동기에는 가장 기초적인 사회성 놀이인 역할놀이를, 초등학생에게는 본격적인 역할극으로 아이들의 성장을 도와주세요. 더불어 아이들의 속마음을 부모님이 자연스럽게 엿볼 기회가 될 수도 있습니다.

① 미취학 아동

다양한 역할놀이를 활용해주세요. 병원놀이, 마트놀이, 식당놀이 등 일반적인 직업이나 상황의 매뉴얼이 있는 역할놀이도 좋고, 소꿉놀이로 가족들의 역할을 간접 경험해보는 것도 좋습니다. 처음에는 아이가 선호하는 역할을 먼저 맡겨주시고 역할을 바꿔서 해보는 것도 필요합니다. 무난하게 아이의 요구에 따라 여러 차례 놀이를 하면서 역할에 익숙해졌을 때, 부모가 새로운 상황을 제시해주면 그 상황에 대처하기 위한 아이의 순발력과 대처 능력이 향상되는 것을 볼 수 있습니다. 이때 중요한 것은 부모의 역할을 내려놓고 함께 노는 대상이 되어주셔야 합니다. 놀이를 통해 학습을 시키려 하거나 가르침을 주려고 하면 아이의 흥미가 금세 떨어져 놀이를 오래 지속하기 어려울 수 있습니다.

② 초등학생

초등학교에 진학한 아이들은 적극적으로 역할극을 시도할 수 있는 연령입니다. 부모-자녀 역할, 친구 역할, 교사-학생 역할 등 쉽게 접할 수 있는 주변 관계를 통해 타인에 대한 이해를 증진시킬 수 있습니다. 정말 그 역할이 되었다고 생각하고 말투나 복장, 소품 등으로 꾸미며 즐겁게 놀이할 수 있습니다. 이때도 역시 부모로서 가르치려고 하기보다 아이의 관점에서 생각해주세요. 부모가 자신의 모습이나 친구의 모습을 재현하는 것을 아이가 더 객관적으로 바라보도록 하는 데에 초점을 맞춰주세요. 주의할 점은 아이가 타인의 입장을 스스로 깨닫는 과정을 연습하는 것인 만큼 억지로 정답을 알려주려고 서두르지 마세요.

02

아이들이 틈만 나면 싸워요

형제자매 갈등

"

요즘 지훈이네 집은 정글입니다. 아침 식탁에서부터 서로 발을 건드렸다거나 물컵을 먼저 잡았다거나 하는 사소한 이유로 동생 지원이와의 다툼이 시작됩니다. 5학년짜리가 2학년 동생하고 똑같이 군다며 아빠가 혼을 내면 지훈이는 방으로 들어가 문을 쾅 닫아버립니다. 아빠는 버릇없는 행동을 참을 수 없다고 쫓아 들어가 지훈이를 혼내고, 아이는 아침부터 눈물 바람입니다. 잠시 뒤 누워서 EBS 방송을 보는 동생 지원이에게 엄마가 똑바로 앉으라고 잔소리를 하면 아이는 입을 내밀고 삐집니다. 방에 있던 지훈이는 동생한테 텔레비전 소리 좀 줄이라고 버럭 소리치다 엄마한테 소리 질렀다는 이유로 또 혼이 납니다. 지원이는 오빠에게 혀를 내밀고 결국 지훈이는 동생을 한 대 쥐어박고 다시 둘 다 혼이 납니다. 방에서 재택근무를 하던 아빠는 아이들을 불러 또다시 혼을 내고, 아이들은 울고, 엄마는 아빠에게 그만 좀 하라며 깊은 한숨을 내쉽니다. 아침이 시작된 지 아직 2시간도 지나지 않았는데 벌써 가족들 모두 지쳐갑니다.

내가 2학년 때는 다 큰애가 동생하고 싸운다고 뭐라고 하더니 5학년이 되니 2학년짜리 어린 동생하고 싸운다고 난리다. 지원이는 막내라고 엄마, 아빠가 늘 아기 취급하는데 아주 얄미워 죽겠다. 지원이는 만날 인형놀이나 같이 하자고 하고 엄마, 아빠는 나보고 놀아주라는데 내가 얼마나 인내심을 갖고 동생을 봐주는지 전혀 모르는 것 같다. 진짜 억울하다. 내가 슬쩍 게임이라도 하려고 하면 엄마, 아빠한테 다 일러바치고 다 자기 마음대로만 한다. 나도 동생으로 태어났으면 얼마나 좋았을까? 아니, 동생만 없었다면 우리 집은 얼마나 평화로울까?

오빠는 늘 잘난 척이다. 나도 5학년이 되면 오빠만큼 크고, 오빠만큼 잘하는 게 많아지겠지만 그럼 또 오빠는 그만큼 커져서 나를 무시하겠지? 엄마, 아빠는 언제나 오빠한테만 칭찬을 한다. 나는 오빠가 온라인 수업할 때는 꼼짝도 못하고, 오빠 학원 스케줄에다 맞춰줘야만 하고 내 마음대로 되는 게 하나도 없다. 억울하다. 나한테 동생이 있으면 진짜 엄청 잘해줄 텐데. 난 진짜 막내인 게 너무 억울하다.

워낙 아이를 좋아했던 나는 천사 같은 엄마가 될 줄 알았다. 지훈이 하나 있을 때만 해도 아이가 둘이 되면 알콩달콩 노는 게 예쁠 거라는 생각만 했지 이런 상황은 상상도 못했다. 눈만 뜨면 으

르렁거리고, 먹고 싶은 것도, 하고 싶은 것도 다 제각각이다. 어떨 땐 정말 나를 괴롭히려고 일부러 그러는 것 같다. 5학년이나 된 큰아이는 아직도 내가 동생만 좋아한다고 울고, 2학년짜리 작은아이는 여전히 오빠한테 대들면서 몸싸움까지 한다. 그나마 둘 다 학교에 갈 때는 참을 수 있었는데 요즘은 24시간 붙어서 싸우는 걸 보고 있자니 정말 저 깊은 곳에서부터 분노가 치솟는다. 미친 여자처럼 애들한테 한바탕 쏟아붓고 나면 후회가 밀려오지만 몇 시간도 지나지 않아 나는 다시 화를 내고 소리를 지른다. 이런 엄마는 되고 싶지 않았는데, 애들한테 나는 어떤 엄마일까 걱정이다.

재택근무가 어려울 건 예상했지만 이 정도일 줄은 몰랐다. 애들 엄마는 잔뜩 신경이 날카로워서 애들과 나한테 잔소리를 퍼붓고, 또 애들은 하루 종일 내복 바람으로 늘어져서는 싸우기만 한다. 큰애는 제대로 공부를 하는지 뭘 하는지도 모르겠고, 둘째는 심심하다고 종일 징징거린다. 지훈이한테 게임만 하지 말고 다른 걸 좀 하라고 말하면 나한테 눈을 치켜뜨고, 지원이는 일해야 한다고 해도 나한테 계속 매달려서 장난만 친다. 둘이 좀 사이좋게 놀면 좋을 텐데 잠깐 노는 것 같다가 금방 또 싸운다. 그럴 때마다 혼내는 것도 한두 번이지 사실은 나도 어떻게 해야 할지 잘 모르겠다. 내가 덜 무서워서 그런 걸까? 좀 더 무서운 아빠가 되어야 하는 걸까?

오래 붙어 있다 보니 아이들이 너무 싸우는데 괜찮을까요?

아이들과 함께 집에 있으면 분명히 눈앞에서 사이좋게 잘 놀고 있다가도 순식간에 자기들끼리 원수처럼 싸우는 모습을 보게 되는 일은 흔합니다. 싸우는 이유도 거창한 게 아니라 누가 먼저 가져갔는지, 누가 더 많이 가졌는지, 누가 자길 쳐다봤다는 등의 아주 사소한 이유인 경우가 많습니다. 이런 형제자매 간의 갈등을 연구한 학자들도 형제자매가 시간당 6회 이상은 싸운다고 하니, 적어도 10분에 한 번꼴로 싸우는 셈이 됩니다. 그렇기 때문에 요즘처럼 가족이 장시간 붙어 있을 때는 싸움의 횟수만으로도 부모가 견디기 힘든 게 사실입니다. 싸우는 모습이 보기 싫다고 집에 있는 장난감을 다 버릴 수도 없고, 아이들을 완전히 따로 분리시켜 지내게 할 수도 없는 노릇이지요.

사실 형제자매들의 갈등은 협상을 배우는 과정이고 싸움을 통해 함께 놀고 나누는 법을 찾아가는 실전 훈련인 셈입니다. 그렇기 때문에 외동아이들은 겪을 수 없는 중요한 경험이기도 합니다. 매일매일 아이들의 갈등을 지켜보는 부모의 입장에서는 괴롭겠지만 아이들은 갈등을 경험하며 사회적 기술을 배우고 있다고 보면 됩니다. 이러한 말로

위안을 받아도 결국 아이들의 갈등을 줄이기를 원하는 게 부모의 마음인 만큼 하루의 일상을 돌아보고 유난히 많이 싸우는 시간이나 상황을 파악하는 것도 필요합니다. 바쁠 때, 배고플 때, 피곤할 때 등 시간과 상황 특성이 파악된다면 더 일찍 준비하고, 간식을 틈틈이 제공하고, 쉴 수 있는 시간을 주거나 일찍 잠자리에 들게 하는 등 미리 컨디션을 조절함으로써 작은 갈등들은 피할 수도 있을 것입니다.

아이들 싸움에 어디까지 개입해야 할까요?

이렇게 아이들이 자주 싸울 때 어느 타이밍에, 어느 정도로 개입해야 하는지를 적절히 판단하는 것은 매우 어렵습니다. 얼핏 형제자매들이 비슷한 주제, 비슷한 양상으로 싸우는 것 같지만 찬찬히 들여다보면 늘 그 이유나 원인이 다르기 때문에 더 그렇습니다. 아마 주변에서 아이들이 싸우는 것에 대해 '아이들끼리 알아서 해결하게 둬라' '첫째에게 힘을 실어줘서 서열 정리를 해줘라' '첫째를 혼내서 본보기를 보여줘라' 등 전혀 다른 방식의 해결법에 대해 한마디씩 하는 것을 들어봤을 것입니다. 그 해결법들이 모두 다 틀린 것도, 모두 다 맞는 것도 아니라고 먼저 말씀드리고 싶습니다. 상황에 따라 부모님의 개입 수준과 방법이 달라져야 하는 것이 당연하겠지요.

개입의 정도는 크게 세 단계로 구분할 수 있습니다. 우선 아이들의 작은 갈등들(말투, 태도 등에 대해 시비 거는 말싸움이나 가벼운 소유권 다툼 등)에 대해서는 부모가 무시하는 게 맞습니다. 작은 수준의 갈등은 아이들끼리 해결해보고, 의사소통하고, 협상을 하면서 문제해결 능력을 키우는 과정입니다. 그 안에서 자기들 나름의 규칙을 만들고 공평함의 기준을 세우게 됩니다.

두 번째 단계는 심한 말싸움이나 몸싸움이 막 벌어지기 시작했거나, 벌어지려는 상태입니다. 이때는 어른의 개입이 있으면 도움이 되는 상황입니다. 먼저 아이들을 진정시킨 다음에 문제에 대한 아이들의 감정과 상황을 들어준 후, 차근차근 설명해주면서 우선순위에 대한 내용을 강조해주세요. 그 다음에는 아이들이 해결 방법을 스스로 찾도록 해줘야 합니다.

예를 들어 형이 먼저 만들기에 사용하던 가위를 동생이 학교 숙제를 한다고 내놓으라며 우기는 상황이라고 가정하겠습니다. 일단 아이들을 분리시켜 진정시킨 후, 갈등이 벌어진 상황과 각자가 어떤 감정을 느끼고 있는지에 대해 잘 들어줍니다. 그 후 집에서 만들기 놀이를 하는 것과 학교 숙제에 사용하는 것 중 어떤 게 우선이 돼야 하는지 짚어주거나 혹은 먼저 사용한 사람에게 우선권이 있음을 강조해줍니다. 그리고 아이들이 스스로 해결 방법을 찾을 수 있도록 도와줍니다. 이때는 동생이 빨리 사용하고 다시 형에게 돌려주거나 다른 대체할 가위나 칼이 있는지 부모에게 묻는 방법들이 나올 수 있을 것입니다.

이런 개입에서 주의해야 할 것은 지금 같은 상황이 아이들 갈등 상황에 틀을 잡아주는 과정일 뿐, 매번 부모님이 개입해 심판이 되어 대신 해결해주라는 것은 아니라는 점입니다.

세 번째로 갈등이 최고조인 상태(심한 몸싸움, 사람이나 집 안 기물 등이 위험한 상황)에는 고민하지 말고 바로 어른이 개입해야 합니다. 일단 아이들을 분리시키고, 각자 분리된 공간에서 감정을 진정시킨 후에 이야기를 하고 해결점을 찾는 일련의 과정을 반복해야 합니다.

아이들과의 말다툼이 잦아졌는데 어떻게 해야 할까요?

오랜 시간 함께 있게 되면 형제자매들 간의 갈등도 많아질 뿐 아니라 부모-자녀 간의 갈등도 많아질 수밖에 없습니다. 거기에 지훈, 지원이네 사례처럼 가족 구성원이 모두 함께 집에 있다 보면 갈등의 내용도 다양해집니다. 이때 방심하게 되면 각자의 상황에서 얻게 되는 스트레스로 인해 소중한 내 가족에게 상처가 되는 말을 남길 수 있습니다. 각자 활동 영역이 정해져 있고, 모두 함께 모이는 시간이 짧아 그 시간을 계획적으로 사용해야 했던 불과 일 년 전의 과거에 비해 지금은 서로 너무 경계 없이 함께 생활하고 있다는 점이 문제가 되는 것입니다. 같이 있다 보면 전에 미처 알지 못했던 사소한 부분까지 눈에 들어오기 시작하고 일일이 간섭하게 되는 일이 생깁니다. 함께 있는 동안 서로에게 긍정적인 표현들만 주고받는 것은 당연히 어렵겠지만 적어도 더 나빠지는 악순환의 고리를 끊으려는 노력이 필요합니다. 그러기 위해서는 부모가 능동적인 '무시'를 하면서 긍정적인 상황에만 '강화'를 주는 방법을 취해 아이들과 다투는 데 낭비하는 시간을 줄여야 합니다.

예시

무시하기

· 아이의 짜증스러운 말투 무시하기

· 부모의 관심을 끌기 위한 부적절한 행동 무시하기

· 일부러 울먹이는 말투 무시하기

강화하기

· 스스로 필요한 것을 찾았을 때 칭찬해주기

· 약속한 시간을 지켜서 게임을 멈췄을 때 칭찬해주기

· 스스로 장난감을 정리한 것을 칭찬해주기

아이들을 너무 자주 혼내서 기가 죽을 거 같은데 괜찮을까요?

아이들이 정말 부모에게 혼이 나야만 하는 상황이라면 어느 정도의 훈육이 필요한 것은 당연합니다. 중요한 사실은 훈육이 부모에게 혼이 나야 할 만큼 아이의 행동 수정이 필요한 상황에 이뤄져야 한다는 점과 아이의 잘못한 수준에 맞는 것이어야 한다는 점입니다. 너무 사소한 일에도 자주 혼을 내고 아이의 잘못에 비해 과한 훈육이 들어가게 되면 자신의 잘못된 행동은 잊고 부모에 대한 원망만 쌓이게 됩니다. 그렇기 때문에 아이를 혼내는 방법도 현명하게 사용해야 합니다.

우선 그 상황에 느끼는 부모의 감정을 표현해주고, 아이에게 바라는 점을 말해주세요. 그 바라는 점을 실천하기 위해 아이가 할 수 있는 방법들에 대해 이야기 나누고 아이가 스스로 선택할 수 있게 해주세요.

EBS를 보며 거실에 누워 있는 아이를 목격한 엄마

① 공부에 집중을 못하는 것처럼 보여서 엄마로서 답답함과 걱정하는 마음 표현하기

② 수업에 집중했으면 좋겠다는 것 말하기

③ 집중하기 위한 방법들 모두 말해보기

　: 수업 전 스트레칭하기, 시원한 물 준비하기, 오빠는 수업 방해하지 않기, 엄마가 잔소리

　하는 대신 이름을 부르면 자세에 신경 쓰기 등

④ 부모도 해결해 줄 수 있고 아이도 원하는 방법을 채택해 적용해보기

외동아이는 어떤 걸 더 신경써줘야 할까요?

형제자매가 있는 가정의 아이들에 비해 외동아이들이 사회관계 경험이 양적으로 부족한 것은 어쩔 수 없는 현실입니다. 외동아이가 있는 가정은 주로 성숙한 인격을 지닌 성인과의 관계가 대부분이므로 형제가 있는 가정보다 가정 내에서 큰 갈등 상황과 박탈감을 상대적으로 덜 경험하게 되어 많은 성취 경험과 높은 자존감을 얻을 수 있다는 장점이 있습니다. 하지만 갈등 경험이 적기 때문에 돌발 상황이나 또래와의 격한 갈등 상황에는 대처 능력이나 순발력이 떨어질 수밖에 없는 것도 사실입니다.

아이가 처한 현실을 바꿀 수 없다면 그것을 보완하기 위한 방법을 찾는 일이 가장 바람직할 것입니다. 우선 관계를 확장시키기 위해 친척이나 이웃, 형제가 있는 또래와 안전하게 어울릴 수 있는 기회를 자

주 만들어줘야 합니다. 그리고 부모와 대화를 통해 서로의 감정에 대해 솔직하게 얘기하면서 타인의 마음을 이해하고 공감하는 연습을 할 수 있습니다. 사회성은 타고나는 부분도 있지만 어떤 경험을 했는지의 영향이 더 크기 때문에 부족한 만큼 채워주려는 노력이 필요합니다. 소중한 내 아이에게 도움을 주고 싶지 않은 부모는 없을 것입니다. 하지만 그 도움이 아이를 나약하게 만드는 것은 아닐지, 아이가 부모에게 너무 의지하게 만드는 것은 아닐지를 걱정하게 됩니다. 그렇기 때문에 아이의 생활에 개입할 때는 유익한 도움을 주기 위한 방법을 우선 생각해야 합니다.

♥ 부모가 모범을 보여주세요

지금처럼 집에서 주로 생활하는 환경에서는 역할놀이를 활용할 수 있습니다. 부모가 만들어낸 돌발 상황에 아이가 당황하거나 머뭇거릴 경우, 어떤 말을 해야 하는지 알려주세요. 코로나 상황이 개선되어 또래 아이들과 적극적으로 대면하게 되었을 때, 집에서의 연습이 실전에 도움이 됩니다. 다른 아이들이 놀고 있는 놀이터에서 어울려 놀고 싶은데 중간에 끼어들지 못해 망설이는 자녀가 있을 경우, 다가가서 같이 놀자고 제안하거나 말하는 것을 부모가 먼저 보여줍니다. 나이가 어릴수록 부모가 역할 모델로써 직접 개입할 필요가 있습니다.

☙ 상대방의 입장에서 생각해보도록 도와주세요

외동아이의 경우엔 특히 형제나 또래와의 문제를 해결하는 과정에서 얻을 수 있는 타인의 마음을 이해하기 위한 경험이 상대적으로 부족할 수 있습니다. 이때는 가족과 함께 책이나 영화를 보면서 등장인물이 처한 상황에서 어떤 기분일지 대화를 나누면 다양한 관점으로 상황을 받아들일 수 있도록 시야를 넓혀줄 수 있습니다. 그리고 아이가 유치원이나 학교에서 있던 일을 이야기하는 실전 상황에서는 아이의 감정을 충분히 들어준 뒤 이야기에 등장한 친구들의 감정이 어땠을지에 대해 재촉하지 말고 천천히 접근해볼 필요가 있습니다. 이때 주의해야 할 점은 말을 하고 있는 내 아이의 감정부터 부모가 다 이해하고 공감한 뒤, 타인의 감정도 함께 다뤄야 한다는 것입니다.

☙ 지레짐작해서 아이가 경험할 수 있는 기회를 뺏지 마세요

좋은 경험이든 나쁜 경험이든 아동기에는 다양한 관계를 경험해 보는 것이 중요합니다. 아이가 받을 상처가 두려워서 미리 상처받지 않을 만한 안전한 장소와 상황만 제공한다거나, 갈등을 회피하는 상황은 부모가 아이 스스로 깨달을 기회를 박탈하는 셈이 됩니다. 형제자매가 있을 경우엔 일상이 갈등과 화해의 연속이지만 외동아이의 경우엔 특히 그런 연습이 부족하므로 경험의 기회를 많이 제공해주세요. 오히려 갈등상황에 처할 때 부모가 응원해주고 격려해주는 자세를 취하는 것이 아이의 성장에 도움이 됩니다.

형제자매의 갈등을 부추기지 않는 대화법

형제자매 간에 경쟁하고 질투하는 것은 자연스러운 모습이지만 어떤 경우에는 부모의 말 한마디가 갈등을 더 부추기기도 합니다. 아이들의 싸움에만 주목하지 말고 부모가 어떻게 아이들에게 다가서야 하는지도 고민해주세요.

☑ 아이들을 비교하지 마세요

너무 당연한 것이라 여겨지지만 지키기 힘든 부분이기도 합니다. 눈앞에서 한 아이의 잘못과 다른 아이의 잘하는 모습이 보이면 지적해서 잘못을 바꿔주고 싶은 충동을 느끼기 쉽습니다. 하지만 아이들을 비교하면 칭찬을 받은 아이와 비난을 받은 아이 모두에게 긍정적인 효과를 주지 못합니다. 비교당한 아이는 오히려 자발적으로 더 잘하려는 의욕을 잃고, 칭찬받은 아이조차도 계속 잘하지 못하면 자신도 비교당할 것이란 생각에 부담을 느낄 수밖에 없습니다. 비교할 내용을 빼고 보이는 그대로 잘못된 행동만을 말하거나 바꿔야 할 행동을 알려주세요.

예시

어질러진 방에서 동생만 놀잇감을 정리하는 상황

동생이 더 정리를 잘하네 → 방에 치워야 할 게 있으니 같이 정리하자

☝ 공평하게 대하기보다 각자 필요에 맞게 대해주세요

형제자매들에게 부모가 균등한 양을 나눠준다고 해서 아이들 모두가 만족하지 않는 경우를 많이 보았을 것입니다. 내 것보다는 남의 것이 이유 없이 더 좋아 보이고 그래서 그것을 얻어내기 위해 생떼를 쓰기도 합니다. 분명 같은 개수를 나눠줬는데 더 적다고 투정부리는 경우엔 억지 부리지 말라고 다그칠 게 아니라 배가 많이 고픈 상황인지를 묻고 그렇다면 다른 음식을 추가로 더 줄지 의견을 묻는 게 좋습니다. 감정 표현에 대해서도 모든 형제자매를 똑같이 사랑한다고 반복적으로 말하는 것으로는 어떤 아이도 만족하지 못합니다. 각각 다른 존재이고 모두가 특별하기 때문에 소중하고 사랑한다고 알려주세요. 아이들은 공평하게 사랑 받는다는 게 아니라 자신이 부모에게 특별한 존재로 사랑받고 있음을 확인받고 싶은 것입니다.

☝ 긍정적인 상호작용을 칭찬해주세요

부모에게는 형제자매 간의 갈등이 먼저 눈에 많이 띄겠지만, 그 안에서도 협력하는 경우나 함께 도움이 되는 순간들도 분명 존재합니다. 갈등 상황에 초점을 맞추기보다 잘하는 그 순간에 대해 부모로서 어떻게 느끼는지를 솔직하게 얘기해주세요.

예시

함께 만들기를 하는 모습을 보니 엄마가 뿌듯하네
너희들이 만든 새로운 규칙이 너무 마음에 든다

가족약속 정하기

가족들을 마음으로만 소중히 여기는 것은 다른 구성원들에게 제대로 전달되지 않는 경우가 많습니다. 각자의 생각을 나누고, 특별한 역할을 받고, 특별한 시간을 만들면서 가족 간에 서로를 이해하는 더욱 돈독한 시간을 가질 수 있으면 좋겠습니다.

☑ 가족회의 하기

주말에 가족회의를 통해서 필요한 규칙을 정하고 이를 잘 지켰는지 확인하는 시간을 가져보는 것도 좋습니다. 회의에는 진행자, 서기가 필요한데 처음 시도할 때에는 부모가 진행자 역할을 해주시면 됩니다. 익숙해지면 특별한 직책도 돌아가면서 맡아주세요. 주제는 가족들의 필요에 따라 채널 선택권 정하기, 다음 주말 계획 세우기, 봄맞이 대청소 구역 나누기 등 자유롭게 정할 수 있지만 특별한 주제가 없다면 일주일 동안 가족에게 가장 만족스러웠던 일, 가장 부탁하고 싶은 일에 대해 안건으로 정하고 적어주세요. 대신 부모의 가치가 들어가지 않은 솔직한 표현들로 작성해주세요. 지난주에 한 회의가 있다면 회의를 시작하면서 그때 가족이 서로에게 부탁했던 부분이나 정했던 내용에 대해 어떠했는지 평가해보는 시간도 필요합니다. 부탁의 당사자들이 평가해서 가장 잘 지켜진 사람에게 상을 주는 것도 좋습니다. 꼭 물질적인 상품이 아닌 특권을 주는 것도 좋습니다.

○○번째 가족회의

날짜: 년   월   일

진행자: 지훈 & 지원 아빠

서기: 지훈

1. 지난 회의 실천 평가하기

아빠(잘함 / 보통 / 부족함)   엄마(잘함 / 보통 / 부족함)

지훈(잘함 / 보통 / 부족함)   지원(잘함 / 보통 / 부족함)

> 서로에게 부탁한 부분이 얼마나 잘 지켜졌는지를 각자 다른 색 펜이나 도형으로 구분해 점수를 부여한다. 가장 점수가 높은 사람에게 상을 줄 수 있다.

2. 가장 만족스러웠던 일(각자 가족에게 한마디씩 하세요)

① 아빠에게: 자전거 타러 나가서 함께 놀아서 좋았음/ 토요일 낮에 만든 파스타가 맛있었음/ 어려운 문제 푸는 걸 도와줘서 좋았음

② 엄마에게: 엄마 떡볶이 요리 최고/ 놀이터 나가게 해줘서 고마움/ 전에 보고 싶어 했던 책을 챙겨줘서 고마움

③ 지훈이에게: 책상 정리 혼자 해서 멋짐/ 젤리 하나 더 준 거 좋았음/ 쪽지 써준 거 고마움

④ 지원이에게: 숙제 스스로 한 일 훌륭함/ 울면서 조르지 않고 말로 표현해서 좋았음/ 게임 먼저 하게 해줘서 고마움

3. 가장 부탁하고 싶은 일

① 아빠에게: 방귀 좀 다른 방 가서 꿔어요/ 핸드폰 사용 시간 줄여줘요/ 나랑 더 놀아요

② 엄마에게: 친절하게 말해줘요/ 간식으로 핫케이크 만들어줘요/ 직접 타준 커피가 마시고 싶어요

③ 지훈이에게: 동생이 수업할 때는 방해하지 말아주길/ 질문을 하면 대답을 꼭 해줬으면/ 다음에는 내가 먼저 게임할래

④ 지원이에게: 오빠 말 잘들어라/ 수업시간에는 바른 자세로/ 밥 집중해서 먹길

☑ 특권을 가진 날짜 정하기

　　TV 채널 선택권, 점심메뉴 선택권, 배달음식 선택권, 간식 선택권 등을 가질 수 있는 날짜를 정해봅니다. 이때에는 가족 모두 돌아가면서 특권을 한 번씩 가져 봐도 좋고, 앞서 가족회의를 통해 높은 점수를 받은 사람이 특권을 받는 방법도 있습니다. 대신 그 특권이 발동하는 날짜와 시간은 모두와 의논해서 정하도록 합니다. 중요한 점은 특권이기 때문에 결정된 일에 대한 불만은 참아보도록 하고 터무니없는 특권(하루 종일 원하는 만큼 게임하기나 TV시청하기 등)은 만들지 말아야 합니다.

☑ 부모 독점하는 시간 갖기

　　주말에 각자 엄마나 아빠와 둘씩 떨어져 지내는 시간을 가져봅니다. 주말에 1~2시간도 좋습니다. 집에서 방 두 개로 나눠져 각자 방에서 이야기하는 게 아닙니다. 한집에 함께 있게 되면 아이들이 더 선호하거나 필요로 하는 부모를 자연스럽게 찾게 돼 독점하는 데 방해가 됩니다. 데이트하듯 둘만의 시간을 가지면 아이가 자기 속마음도 부모에게 털어놓고, 부모도 아이를 이해하는 데 많은 도움이 됩니다. 아이는 이때 갖게 된 만족감으로 다른 형제자매에게 좀 더 여유를 갖고 대할 수 있게 됩니다. 내가

부모의 사랑을 충분히 받았다고 느꼈을 때 그제야 다른 형제자매에게도 사랑을 나눌 수 있습니다.

형제자매 관계에 도움이 되는 놀이

아이들의 갈등에만 초점을 맞춰 혼내지 말고 놀이를 통해 함께 단합하는 경험을 할 수 있게 도와주세요. 약간의 힌트만 줘도 아이들은 더 큰 것을 만들어낼 수 있습니다. 함께 목표를 달성하고 성취감을 느끼면서 아이들이 서로가 서로에게 필요한 한 팀이라는 것을 느끼게 될 것입니다.

① 공동 목표를 정한 놀이들을 해봅니다

블록이나 재활용품으로 리조트 만들기, 놀이동산 만들기, 도로와 주차장 만들기, 운동경기장 만들기, 전지에 큰 그림을 완성해서 한쪽 벽면 장식하기 등 혼자서 하기에는 힘들지만 함께 만들 때 즐거움을 주고 완성도도 높아지는 활동을 함께 해봅니다.

② 협동이 필요한 보드게임들

보드게임이 경쟁하는 종류만 있는 것은 아닙니다. 팀이 돼서 의견을 나누고 서로에게 도움을 주는 보드게임들을 아이들과 함께 해봐도 좋습니다.

🎴 라보카(초등 고학년 추천)

나무 블록을 이용해 카드의 그림과 같은 집을 짓는 게임입니다. 같은 팀을 이룬 팀원들은 서로 다른 방면에서 본 도면만을 볼 수 있기 때문에 함께 집을 짓기 위해서는 서로에게 색과 공간에 대한 설명을 잘 해야 게임에 성공할 수 있습니다.

☙ 레오(초등 저학년 추천)

함께 카드를 기억해서 사자를 미용실에 도착하도록 해주는 기억력 게임입니다. 공동의 목표를 갖고 모두 한 팀이 되어 놀이해볼 수 있습니다.

☙ 무당벌레 가장무도회(미취학 아동 추천)

자석의 극을 이용해서 옷을 바꿔 입을 짝을 찾는 게임입니다. 다 같이 무당벌레팀이 되어서 무도회를 방해하는 개미보다 먼저 옷을 다 갈아입는 팀이 이기게 됩니다. 기억력이 필요하고 서로 협동해서 놀이할 수 있습니다.

☙ 금고를 열어라(초등학생 추천)

금고에서 들려오는 지시에 따라 한 팀이 되어서 순발력 있게 지시를 수행하는 데 성공하면 금고가 열리고 금화를 얻을 수 있는 게임입니다. 난이도를 조절할 수 있어서 다양한 연령대 아이들과 함께 할 수 있습니다.

③ 형제자매 우애가 돈독해지는 놀이

☑ 이불 썰매 놀이

바닥에 이불을 깔고 동생이 위에 앉은 다음 첫째는 이불을 끌며 집 안을
돌아다닙니다. 이때 너무 빨리 끌면 동생이 다칠 수 있다는 것을 인지시켜
주세요. 그 다음에 서로 역할을 바꿔 놀이를 하도록 지도해주세요. 이 과
정에서 서로에 대한 배려심과 이해심을 기를 수 있습니다.

☑ 장난감 기차 놀이

끈을 적당한 길이로 잘라 동그랗게 엮어 기차를 만듭니다. 끈으로 만든 기
차 안으로 아이들이 함께 들어가 '장난감 기차' 노래를 부르며 집 안 이곳저
곳을 돌아다닙니다. 첫째가 불러주는 노래를 들으며 동생과 함께 기차를
타면 아이들 간의 애착을 형성할 수 있고 리듬감, 속도감도 발달합니다.

☑ 종이컵 전화기 놀이

두 개의 종이컵으로 전화기를 만들어주세요. '사랑해' '고마워' '미안해'
같은 표현을 해보거나 서로 멀리 떨어져 있을 경우 아이가 잘 하지 않는
말이나 하고 싶은 이야기를 할 수 있도록 유도해 주세요.

☑ 서로의 얼굴 만들기

먼저 아이들이 서로 얼굴을 관찰하도록 해주세요. 그 다음 다양한 색의 지
점토로 서로의 얼굴을 만듭니다. 얼굴이 완성되면 어떤 부분이 닮았는지
이야기를 나눠보세요. 아이들의 관찰력과 친밀감을 높여줍니다.

03

SNS를 너무 많이 사용해요

소셜미디어 사용

초등학교 4학년 수호는 또래아이들처럼 게임도 좋아하고 유튜브 보는 것도 즐기는 평범한 아이입니다. 예전 같으면 평일에는 방과 후 피아노학원, 미술학원, 태권도, 영어학원, 수학학원, 논술학원을 다니며 바쁘게 생활하고, 집에 돌아오면 학교 숙제, 학원 숙제를 하고 잠을 자기에도 바빠 게임과 동영상을 보는 시간이 길지 않았습니다. 하지만 요즘에는 학원이 몇 주씩 문을 닫기도 하고 엄마가 가지 말라는 수업들이 생기면서 집에서 보내는 시간이 많이 늘었습니다. 그래서 주중에는 많이 하지 못했던 스마트폰 게임을 하거나 유튜브 보는 시간도 늘어났고, 친구들이 틱톡, 제페토도 알려줘서 해보게 됐습니다. 온라인 수업 때문에 노트북은 자주 켜져 있고, 다양한 온라인에 접촉할 수 있게 됐습니다. 온라인 수업 중에도 선생님 몰래 친구와 채팅을 주고받으며 키득거리기도 하고 선생님 사진을 캡처해 웃기게 만들어서 친구들한테 전송해주기도 했습니다. 엄마는 그때마다 혼을 내지만 모든 시간을 다 감독할 수도 없는 상황에서 아이가 점점 더 나쁜 방향으로 가지는 않을까 걱정입니다.

집에만 있는 게 처음에는 답답했었는데 지내다 보니 늦잠도 자고, 평소 하고 싶던 게임도 하고, 유튜브 보는 시간이 예전보다 늘어나는 건 좋다. 엄마, 아빠가 자꾸 감시하는 것 같아서 귀찮기는 하지만 친구가 알려준 틱톡, 제페토도 꽤 재미있는 것 같다. 엄마랑 게임하기로 정한 한 시간은 이것저것 하다보면 정말 너무 짧다. 엄마랑 아빠는 맨날 자기 하고 싶을 때 스마트폰으로 카톡하고 게임까지 다 하면서 나한테만 조금 하라고 한다. 온라인 수업이 지루해서 장난친 게 잘못이긴 해도 엄마는 자꾸 하지 말란 말만 한다. 요즘에 친구들이 다 한다는 것까지 막으려는 건 너무 억울하다. 나만 하는 것도 아닌데 나만 나쁜 애 취급이다.

전부터 수호가 게임이나 유튜브를 하는 게 내키지는 않았지만 또래아이들이 다 한다고 해 묵인해줬었다. 요즘 집에 있는 시간이 길어지면서 그동안 얼마나 하고 싶었을지 생각해서 조금씩 풀어줬다고 생각했는데, 그럴수록 계속 더 하고 싶다는 말만 하는 것 같다. 말투도 거칠어지는 것 같고 전에 안 하던 짓궂은 장난도 치는 게 눈에 띄어서 잔소리를 안 할 수가 없다. 새로운 앱을 자꾸 스마트폰에 다운받는 것 같은데 뭘 하는지도 잘 모르겠다. 아예 못하게 하자니 친구들과 하는 대화에서 뒤쳐질 것 같고, 그렇다고 마냥 두고 보기만 할 수도 없고 어느 정도까지 봐줘야 할지 고민이다.

소셜미디어란 무엇인가요?

소셜미디어란 사람들의 의견, 생각, 경험, 관점 등을 서로 공유하기 위해 사용하는 온라인 도구나 플랫폼입니다. 페이스북, 유튜브, 트위터, 인스타그램, 카카오톡, 카카오스토리, 밴드, 블로그 등이 대표적입니다. 성인인 부모들도 자주 사용하며 다양한 사람들과 소통하고 있습니다. 소셜미디어는 크게 개방형, 폐쇄형으로 나뉘는데 개방형에는 페이스북, 유튜브, 인스타그램, 틱톡 등이 있으며 불특정 다수가 소통하고 관계를 맺으면서 쉽게 정보를 얻고 의견을 나눌 수 있습니다. 폐쇄형은 카카오톡, 밴드처럼 친밀한 사람들끼리의 공간을 만들어 소통하는 것을 목적으로 하고 있습니다. 갈수록 어린 나이에 스마트폰을 소유하고 사용하면서 디지털 기기 접근성이 높아져 아이들도 생각보다 일찍 소셜미디어를 접하고 있습니다. 요즘처럼 친구들과 학교에서 교류하지 못하는 상황에서는 또래들과 소통할 수 있는 공간을 찾기 위해서라도 이용량이 늘어나는 것은 어쩔 수 없는 일입니다.

SNS 사용이 아이들에게 어떤 영향을 미칠까요?

미디어를 이용한 소통은 부모세대에는 일방통행으로 이뤄졌었습니다. TV프로그램, 영화 등의 내용을 그대로 전달받는 것이었지만 현재는 인터넷과 미디어가 발달하면서 양방향 소통이 가능해졌습니다. 코로나로 인해 비대면이 권장되면서 훨씬 더 먼 미래에나 이뤄질 것 같던 화상 온라인 수업과 재택근무가 일상이 되었고 아이들의 미디어 접근성도 높아졌습니다. 어릴 때부터 접해온 소셜미디어는 어른들이 생각하는 것 이상으로 아이의 삶에 자연스럽게 녹아들어 있습니다. 게다가 지금처럼 학교에 가지 못하고 친구도 만나지 못하는 상태에서 또래들과 소통하고 싶고, 소속되어 안정감을 느끼고 싶은 아이들의 욕구와 맞아 떨어지면서 더욱 빠져들 수밖에 없는 매력적인 도구이기도 합니다. 소셜미디어는 자신을 드러내고 싶어 하는 인간의 욕구를 보다 손쉽게 드러낼 수 있게 만들어줍니다. 그렇기 때문에 소셜미디어 사용에 대해 부정적으로만 볼 게 아니라 아이들의 이런 자연스러운 욕구를 인정하면서 적절한 방식으로 해소하고 안전하게 사용할 수 있는 방법을 지도해 줄 필요가 있습니다.

말과 행동이 폭력적으로 변하는 것 같은데 괜찮은 걸까요?

동영상 속 자극적인 내용들, 공격적인 게임을 즐기는 아이들을 보면서 폭력적인 미디어를 접해 내 아이가 점점 폭력적이 되지 않을까 걱정하는 부모들이 많을 것입니다. 하지만 중요한 것은 실제로 모든 아이들이 폭력적으로 바뀌는 것도 아니고, 유난히 미디어에 빠져서 폭력적으로 보이는 아이들 중에는 부모와의 상호작용에 어려움이 있는 경우가 많다는 것입니다. 부모가 아이에게 일방적으로 지시, 통제하면 아이가 스스로 조절하는 능력을 키울 기회를 잃게 되면서 의존성이 높아지게 됩니다. 결과적으로 미디어에 대한 통제력도 취약해져 게임 등에 쉽게 빠져들게 됩니다. 따라서 게임에 빠져 있는 아이의 행동을 문제삼을 것이 아니라 왜 그렇게 아이가 몰두하게 되었는지, 아이의 폭력성을 걱정하기 이전에 부모가 아이와 소통하는 방법에 개선이 필요하지는 않은지부터 살펴봐야 합니다.

소셜미디어는 어느 정도까지 허용해야 할까요?

소셜미디어는 온라인 만남이 활성화되고 있는 요즘 세대 아이들과 떨어뜨려서 생각할 수 없는 도구입니다. 거기다 SNS를 통해 또래와 소통하고 자신을 드러낼 수 있는 통로의 역할을 하고 있기에 그저 막기만 할 수도 없습니다. 따라서 통제보다는 아이가 원칙을 갖고 사용할 수 있도록 부모가 먼저 도움을 주어야 합니다.

- 소셜미디어를 사용하는 것과 관련해 디지털 기기 사용의 기본적인 원칙을 지키도록 확인하고 시작해야 합니다. (Part2 디지털 기기 사용 약속표 만들기 참고)
- 소셜미디어를 처음 가입할 때에는 반드시 부모를 친구로 등록할

수 있게 해야 합니다. 부모도 같이 앱을 사용하면서 실제 위험성 이나 유익함에 대해 함께 체험할 필요가 있습니다. 특히 새로 나 온 앱의 경우엔 친구가 알려주거나 광고를 통해 흥미로 접근하기 쉽기 때문에 부모가 직접 경험해볼 필요가 있습니다. 무조건 '안 된다'고 할 게 아니라 함께 해보시고 판단해주세요.

· 온라인에서 아동의 활동에 대해 초기에 유심히 관찰하면서 제대 로 사용하고 있는지 파악할 수 있어야 합니다. 이런 관찰 빈도는 아이가 스스로 안전하게 조절을 잘하고 있다고 생각하면 줄여주 시면 됩니다.

· 온라인에 아이가 부적절한 내용의 콘텐츠를 남겼을 경우, 온라인 에서 댓글을 다는 형태로 지적해 자녀를 또래들 사이에서 창피 주 지 말아야 합니다. 아이에게 직접 대화로 잘못된 점을 알려주어 스스로 고칠 수 있게 합니다. 그리고 너무 과도한 지적은 아이가 부모 몰래 또 다른 계정을 만들게 할 수도 있으니 주의가 필요합 니다.

· 페이스북이나 틱톡, 인스타그램, 유튜브 등에 게시된 과시적인 내 용을 주로 접하게 되면 성인만큼의 분별력을 갖추지 못한 아이들 은 상대적인 박탈감을 크게 느낄 수밖에 없습니다. 이럴 때는 아 이들에게 게시글들이 실제에 비해 과장되었거나, 부정적인 부분 을 가리고 긍정적인 면만 부각시킬 수 있다는 점에 대해서도 함 께 이야기 나눠야 합니다.

아이의 소셜미디어 사용을 어떻게 자제시켜야 할까요?

과학기술정보통신부와 한국지능정보사회진흥원에서 조사한 〈2019년 스마트폰 과의존 실태조사〉에 따르면 유아동(만3~9세) 과의존 위험군은 22.9%, 청소년(10~19세) 과의존 위험군은 30.2%로 나타나 성인 (18.8%)보다 훨씬 높은 비율을 보이고 있습니다. 여기에서 말하는 스마트폰 과의존이란 과도한 스마트폰 이용으로 현저성 문제(스마트폰이 일상에서 가장 우선시되는 것), 조절 실패(이용 조절력이 감소), 문제적 결과(신체·심리·사회적 문제를 겪는 것) 등이 나타나는 것을 말합니다. 2015년 이후 매년 실시한 조사에서 유아동의 과의존 실태는 첫 조사보다 8.3% 증가했으며 이는 조사군 중 가장 높은 증가비율을 보여줍니다. 이를 통해 어린 연령의 아동들도 점점 쉽게 스마트폰을 접한다는 것을 알 수 있습니다. 이 조사는 코로나 이전에 실시했기 때문에 2020년의 수치는 현재 나와 있는 결과보다 훨씬 높을 것으로 예상할 수 있습니다.

이 조사에서 주목해야 할 부분은 부모가 과의존 위험군에 해당되는 경우 그 부모의 아이들도 과의존 위험군일 확률이 높게 나타났다는 것입니다. 이는 일상에서 부모가 소셜미디어를 과도하게 사용하고 손에서 핸드폰을 놓지 않는 상태인 경우에 아이도 과몰입할 가능성이 함께 커진다는 것입니다. 따라서 아이를 통제하기 이전에 부모의 미디어 사용이 어떤 수준인지부터 돌아봐야겠습니다. 부모가 먼저 좋은 본보기를 보여주며 아이에게 자제를 요청해야 설득력이 있을 것입니다. 또한 부모-자녀관계가 탄탄할수록 서로의 요구가 잘 전달되고 받아들여지게 됩니다.

완전 통제를 하면 문제가 해결될까요?

미취학 아동이나 초등학교 1~2학년의 아동이라면 부모가 소셜미디어를 완전 통제하는 것이 가능할지도 모릅니다. 물론 그 이전에 소셜미디어를 많이 사용하던 아이들을 통제하려면 아이들의 강한 저항이 뒤따르고 소셜미디어를 대체할 다른 놀이를 제공해줘야겠지요. 하지만 과연 초등학교 고학년 아동들을 완전 통제하는 것이 가능할까요? 대다수의 초등학교 고학년 아이들은 이미 스마트폰을 소유하는 경우가 많고 스마트폰 소유 연령도 점점 어려지고 있습니다. 손쉽게 사용할 수 있는 디지털 기기를 갖고 있는데 또래아이들이 가장 관심 있어하는 방식대로 사용하지 못하게 한다면, 아이들이 부모 몰래 숨어서 하는 결과를 가져오게 됩니다. 그렇다고 어린아이들을 완전 통제하다가 초등 고학년이 되어 허용해주는 방법 또한 권하지 않습니다. 어릴 때부터 조절하며 사용하는 방법을 배워나가면서 스스로 절제하는 방법을 익혀야 하기 때문입니다. 사용 시기, 시간, 장소 등 약속한 만큼 사용하고 조절할 수 있도록 연습하는 과정이 반드시 필요합니다.

☑ 아동 스마트폰 중독 체크리스트

□ 식사, 휴식뿐 아니라 화장실도 가지 않고 스마트폰을 한다.

□ 스마트폰을 하고 싶다고 조를 때가 많다.

□ 스마트폰을 못하면 안절부절 못한다.

□ 스마트폰을 하고 있을 때만 생생해 보인다.

□ 스마트폰을 안 하면 다른 것에 집중하지 못하고 불안해한다.

□ 다른 할 일이 있을 때도 스마트폰을 하려고 한다.

□ 스마트폰을 못하게 하면 지루해한다.

□ 스마트폰을 하는 시간이 하루 중 제일 편안해 보인다.

□ 게임에서 잔인한 장면이 나와도 무덤덤하다.

□ 스마트폰에 집착해 생활이 불규칙하다.

□ 정해진 시간에만 한다고 약속해도 지키지 못한다.

□ 스마트폰을 못하게 하면 화를 내고 짜증을 부린다.

3개 이하: 정상

4~6개: 스마트폰에 중독될 가능성이 높으므로 주의

7~9개: 스마트폰 중독에 해당. 부모의 적극적인 대처가 필요

10~12개: 심각한 중독으로 전문가와의 상담이 필요

출처_한국지능정보사회진흥원 스마트쉼터

SNS 알고 사용하자(소셜미디어 사용에 주의할 점)

　태어나면서부터 디지털이 일상인 사회에서 살고 있는 우리 아이들에게 소셜미디어 사용을 전부 막을 수는 없습니다. 어른으로서 아이들에게 소셜미디어의 특징을 이해할 수 있도록 도움을 주고, 조심해야 하는 점을 알려줘서 건강하게 사용할 수 있도록 해주세요.

☑ SNS와 소외감

　인기 많은 친구의 SNS에서 다른 아이들끼리 어울리는 모습을 보게 되면 나만 뒤쳐지는 것은 아닌지, 따돌려지는 것은 아닌지 불안감을 조장하기도 합니다. 그런 마음이 드는 것은 어쩔 수 없지만 그 일에만 몰두하지 않도록 다른 활동으로 관심을 돌릴 필요가 있습니다. 그리고 이런 마음이 들었을 때에는 부모에게 솔직하게 말하고 공감을 하는 과정이 필요할 것입니다. 그때에는 온라인 속 명성을 갖기 위해 들이는 노력과 인기가 과연 아이에게 얼마나 필요한지에 대해 이야기도 나눠주세요.

☑ SNS와 광고

　SNS나 포털 사이트에 필요한 물품이나 사고 싶은 물건을 검색한 이후 그와 관련된 광고들이 뜨는 것을 많이 경험했을 것입니다. 소셜미디어는 내가 무엇에 관심을 두고 있는지 파악하고 알고리즘을 통해 관련된, 심지어 내가 즐겨보는 정보와 유사한 계정을 추천해주며 계속 영상을 보고 그곳에 머물게 유도하는 상업성을 지니고 있습니다. 성인들도 그것에 혹해서 계획에 없던 물품들을 구매해본 경험이 많을 것입니다. 소셜미디어를 많이 사용하는 아이들에게도 비슷한 욕구를 불러일으킬 수 있습니다. 아이들에게도 그것이 광고이고 그동안 아이가 관심있던 내용들이 모여서 만들어낸 결과임을 알려주고 모든 것이 구매로 이어질 수 없다는 점도 알려주셔야 합니다.

☑ 아이들의 SNS

아이들에게 인기 있는 SNS는 따로 있습니다. 또한 같은 SNS이더라도 성인들과는 다른 방식으로 사용하기도 합니다. 부모들이 포털 사이트를 이용해서 검색한다면 요즘 아이들은 유튜브나 인스타그램, 카카오톡을 이용하는 중간에 검색을 하면서 정보를 얻습니다. 동영상과 이미지로 된 정보들은 빠른 속도로 정보를 흡수하길 바라는 아이들의 선호와도 맞을 것입니다. SNS를 자녀들이 사용하는 방식으로 이용해보고, 모르는 것은 아이들에게 물어보며 배워보세요. 부모가 단순히 감시하고 비판만 하는 게 아니라 배우고 싶어 하는 자세를 취한다면 조금 더 친절하게 설명해줄 것입니다. 더불어 요즘 아이들에게 인기 있는 틱톡, 제페토도 배워보면 좋을 것입니다.

사회성 발달에 도움 되는 소셜미디어 활용법

줌(ZOOM)은 아이들의 온라인 수업이나 부모의 재택근무나 화상회의를 통해 쉽게 접해본 미디어일 것입니다. 카카오톡 영상통화나 핸드폰 영상통화와 달리 줌은 계정을 만들지 않고 초대링크를 통해 간편하게 접근할 수 있고 녹화기능도 활용할 수 있습니다. 내장카메라가 있는 노트북이나 태블릿PC, 스마트폰을 이용해서 쉽게 접속할 수 있고, 개설 시간을 예약해서 서로 간에 중요한 약속으로 정할 수 있는 이점이 있습니다. 이런 줌을 이용한 양방향 상호작용 놀이를 안전하게 해보는 것도 좋습니다.

☑ 디지털 기기를 활용해 가족과 역할놀이 해보기

가정 내에 있는 디지털 기기 여러 대를 이용해서 가족끼리 수업이 아닌 연습이나 놀이도 할 수 있습니다(단, 소리가 울리기 때문에 서로 다른 방에서 문을 닫고 사용해주세요). 아동이 선생님이 되어서 온라인 수업을 하듯 역할놀이를 해볼 수도 있고, 부모나 형제자매에게 퀴즈를 내거나 프로그램을 이용해 배경화면을 바꿔 가상의 상황을 설정해 대화를 하는 등 여러 방법으로 활용해 보세요. 재밌게 봤던 유튜브 영상을 떠올리며 아이가 진행을 해보는 것도 재미를 느낄 수 있습니다. 초기에는 작동법에 대해 부모님이 먼저 알려주시고 혼자 해볼 수 있는 기회를 주세요.

☑ 친척들과 SNS로 대화나누기

그동안 만나지 못했던 먼 친척들, 조부모 등과 대화를 해보도록 합니다. 어르신들은 스마트폰을 사용해서 답할 수 있게 해주면 됩니다.

미디어는 그동안 구애받았던 거리의 장벽을 없애줘 먼 거리에 있는 사람들, 해외에 있는 가족이나 친척까지도 쉽게 만날 수 있습니다.

☑ 친구들과 비대면 게임하기

사전에 약속을 정하고 친구와 줌으로 대화해보세요. 서로 안부도 묻고 그 동안 하고 싶었던 이야기나 주고 싶던 그림이나 편지 등을 보여주기도 하고, 두 명이 적응되면 3~4명 정도의 친구와 함께 대화도 가능해집니다. 만약 동일한 보드게임이 있다면 원거리에서 서로 상대방의 말까지 움직여주며 함께 보드게임을 하는 것도 가능합니다(동일한 보드게임이 없고 주사위로 가능한 게임을 보유하고 있다면 게임판이 없는 친구는 주사위를 굴리는 것만으로도 함께 하는 게 가능하기도 합니다). 활용하기에 따라 다양한 놀이를 할 수 있습니다. 아이들이 스스로 아이디어를 내서 적용해보는 것도 좋습니다.

참고 자료

이영애, 《아이의 사회성》, 지식플러스, 2018
정현선, 《시작하겠습니다, 디지털 육아》, 우리학교, 2017
니콜라 슈미트, 《형제자매는 한 팀》, 이지윤 옮김, 지식너머, 2019
아델 페이버, 일레인 마즐리시, 《어떤 아이라도 부모의 말 한마디로 훌륭하게 키울 수 있다》, 김희진 옮김, 명진출판, 2001
아델 페이버, 일레인 마즐리시, 《천사 같은 우리 애들 왜 이렇게 싸울까?》, 서진영 옮김, 여름언덕, 2007
알다 T. 울스, 《아이와 싸우지 않는 디지털 습관 적기 교육》, 김고명 옮김, 코리아닷컴, 2016
제리 와이코프, 바바라 유넬, 《소리치지 않고 때리지 않고 아이를 변화시키는 훈육법》, 정미나 옮김, 시공사, 2016
〈2020 아동 재난대응 실태조사〉, 굿네이버스
〈2019년 스마트폰 과의존 실태조사〉, 과학기술정보통신부, 한국정보화진흥원
CHILD MIND INSTITUTE https://childmind.org/

Part 2

코로나와
온라인 수업 문제

01

온라인 수업 때마다 집중을 못해요

주의집중력 부족

초등학교 3학년인 지안이는 벌써 몇 달째 집에서 온라인 수업을 하고 있습니다. 지안이는 눈을 뜨자마자 아침을 대충 먹은 후, 컴퓨터를 켜고 출석체크를 합니다. 수업을 듣고 나서는 선생님이 올려주신 내용을 보거나 과제를 합니다. 그러는 동안 친구에게서 온 메시지도 확인하고, 물을 마시거나 화장실에 다녀오기도 합니다. 왜 자꾸 들락거리느냐고 엄마가 잔소리를 하면 지안이는 엄마와 놀고 있는 동생에게 괜히 짜증을 냅니다. 엄마는 지안이 방을 자주 들여다보며 '똑바로 앉아라' '제대로 들어라' 잔소리를 하고 그때마다 지안이는 귀를 막아버립니다. 엄마는 결국 동생에게 텔레비전을 켜주고, 지안이 옆에 앉아 숙제를 도와주는데 글자는 삐뚤빼뚤하고 쉬운 문제도 자꾸 실수를 합니다. 엄마도, 지안이도 당장 폭발할 것만 같은 하루하루를 보내고 있습니다.

요즘 엄마는 언제든 잔소리 할 준비만 하고 있는 것 같다. 학교에서는 쉬는 시간에 돌아다니거나 친구들과 떠들 수 있었지만 집에서는 꼼짝 못하고 방에만 갇혀 있으니 답답해 죽겠다. 책상에 앉아 컴퓨터 화면만 보고 있으면 눈알이 빠질 것 같고 왠지 온몸에 벌레가 기어다니는 것처럼 간지러워서 가만히 있을 수가 없다. 컴퓨터 화면 속 선생님 얼굴에 집중하려고 해도 자꾸 하품이 나오고 머릿속에선 딴 생각이 난다. 갑자기 책상 위 먼지가 눈에 거슬려서 닦고 싶고, 엄마한테 할 말이 떠오르기도 한다. 온라인 수업이 끝나도 엄마는 또 문제집을 풀라고 하는데 지겨워 죽겠다. 나는 하루 종일 놀기만 하는 동생이 부럽고 짜증난다. 나도 공부 같은 거 안 하고 그냥 엄마랑 놀았으면 좋겠다.

우리 지안이는 학교 가서 선생님 말씀도 잘 듣고, 모범적으로 지내는 줄만 알았는데 집에서 보니 가슴이 철렁 내려앉는다. 아이는 온라인 수업 내내 의자에 똑바로 앉아 있지 못하고 몸을 베베 꼬거나 연신 하품을 쩍쩍 해댄다. 한 마디 하고 싶어도 수업에 방해가 될까 봐, 괜히 아이에게 스트레스를 줄까 봐 참고 또 참아봤지만 결국 잔소리를 하다 버럭 화까지 내고 말았다. 3학년이면 슬슬 수업 내용도 많아지고 공부 습관을 잡아야 할 시기인데 무의미하게 시간만 흘려보내는 건 아닌지 걱정이다. 아이를 감시하고 잔소리만 하는 엄마가 된 것 같아 속상하다가도 내가 정신을 똑바로 차려야 그나마 뒤처지지 않을 것 같아 마음을 가다듬고 아이에게 똑바로 하라고 한 번 더 이야기한다. 차라리 눈에 안 보이면 괜찮은데 날마다 같은 모습을 보고 있자니 속이 터진다. 지안이는 지금 제대로 공부를 하고 있는 걸까? 혹시 아이의 주의집중력에 문제가 있는 건 아닐까?

주의집중력이란 무엇인가요?

주의집중력이란 '특정한 과제에 몰두할 수 있는 능력'을 말합니다. 이 세상의 수많은 자극들 가운데 자기가 필요해 선택한 일에만 주의를 기울일 수 있는 능력이지요. 대부분의 아이들은 자기가 좋아하는 일을 할 때는 매우 집중을 합니다. 하지만 주변의 흥미 있는 일보다 자신이 해야 할 과제나 학습 등에 우선순위를 두고 주의를 '선택'하고 '유지' 하며, 필요할 때는 주의를 다른 곳으로 '옮겨' 갈 수도 있는 능력이 바로 주의집중력입니다. 당연히 나이 어린 아동은 주의집중을 할 수 있는 시간 자체가 매우 짧기 때문에 아이에게 적합한 수준으로 학습 및 인지 활동을 해야만 합니다. 주의집중력은 나이가 들수록 인지능력의 발달과 상호작용을 하며 점점 높아지게 됩니다. 사람마다 주의집중 능력이 다른 만큼 아이가 혹시 주의집중력이 부족하다고 생각된다면 그 이유를 파악하고 적합한 도움을 줄 필요가 있습니다.

아이가 주의집중을 잘 못하는 원인이 뭘까요?

주의집중력이 부족하다고 생각이 들 때는 여러 가지 원인을 살펴볼 수 있는데 크게 내적인 원인과 외적인 원인으로 나눌 수 있습니다. 먼저, 내적으로 아이가 다른 자극에 쉽게 주의를 빼앗기는 기질적인 문제가 있을 수 있습니다. 또한 아이들의 정서적인 불안정은 흔히 주의집중력 문제를 동반하기 때문에 아이에게 걱정거리가 있거나 불안감을 느끼는 것은 아닌지도 중요합니다. 외적인 원인으로는 현재의 학습 수준이 너무 높거나 혹은 낮을 경우 흥미가 떨어져 쉽게 주의가 분산될 수 있습니다. 아이 연령에 맞는 시간과 정도의 과제인지, 지나치게 부담스러운 수준을 제시하고 있는 것은 아닌지 살펴봐야 합니다. 또한, 물리적인 환경이 주의집중을 어렵게 만들 수도 있습니다. 책상이 어지럽다거나, 시끄러운 소리가 들리는지에 따라 주의집중력이 달라집니다. 그리고 요즘처럼 아이들이 외부활동을 잘 하지 못하는 상황도 연관이 있습니다. 특히 아이들의 경우에는 신체활동과 인지활동(학습이나 책 읽기), 사회 정서적 활동(친구나 형제, 부모와 하는 놀이나 대화 등)의 조화가 중요합니다. 아이가 인지적인 활동에 비해 적절한 양의 신체활동과 사회 정서적인 활동을 하고 있는지 살펴보고 균형을 맞춰야만 주의집중력을 포함한 아이의 전반적인 발달이 잘 이루어질 수 있습니다.

왜 온라인 학습을 할 때는 더 산만해 보일까요?

아이들이 주의집중을 가장 효율적으로 할 수 있는 환경은 직접 사람과 일대일로 만나는 것입니다. 하지만 요즘처럼 오랜 시간 학교에 가지 못하고 온라인 학습을 할 때, 아이들의 주의집중력은 실제 대면 학습에 비해 떨어질 수밖에 없습니다. 특히 온라인 학습이더라도 온라인 상에서 상호작용이 가능한 경우에 비해 일방적으로 콘텐츠를 봐야 하는 경우에는 당연히 주의집중력과 학습 효과가 떨어지게 됩니다. 또한, 집은 학교처럼 다른 친구들이 보고 있거나 모두가 수업에 집중하는 분위기가 아니고, 잠을 자거나 노는 공간이 공유되는 만큼 아이들은 학교에서보다 주의를 기울이기 더 어렵습니다. 사실 집 안에서 학습을 하는 경우에는 다양한 생활소음이 들릴 수밖에 없으니 주의집중력이 부족해 보이는 부분은 어느 정도 감수해야 할 것입니다.

어른도 아이도 이렇게 오랜 시간 집에서 학습하는 상황은 처음일 것입니다. 아이가 이런 상황에서 주의집중력이 떨어지는 것은 당연하다고 이해해야 합니다. 따라서 부모 입장에서는 집중하라고 혼내고 다그치기보다는 아이의 어려움을 살피고 도와주어야 할 것입니다. 어떤 부분 때문에 주의집중이 안 되는지 물어보고 살펴본 다음, 그 이유를 찾아 아이와 함께 종이에 써보는 것도 효과적입니다. (예를 들어 주의집중할 수 없는 환경인지, 방해 요소는 무엇인지, 어떤 때 주의집중이 잘 되는지 혹은 안 되는지) 일단 주의집중할 수 있는 환경을 조성하기 위해 아이가 온라인 수업을 시작하기 전에 방이나 책상이 어지럽지는 않은지 보고 함께 치우는 것도 좋겠습니다. 아이가 수업을 시작하기 전에 단 5분이라도 간단히 스트레칭을 하거나 세수라도 한다면 보다 맑은 정신으로 수업을 시작할 수 있을 것입니다.

게임할 때는 엄청 몰두하는데, 집중력이 좋은 것 아닌가요?

주의집중력은 어떠한 일을 하다가 다른 소리나 상황에 주의를 빼앗기지 않고 끝까지 잘 수행하는 능력과 함께 집중하던 일을 마치고 다른 일에 적절하게 주의를 옮기는 능력을 포함합니다. 그러므로 게임이나 미디어에 몰두한다고 해서 그 아이가 정말 주의집중력이 좋다고 할 수는 없습니다. 좋아하는 활동을 잘 끝내지 못하는 것 또한 주의집중력에 문제가 있다고 볼 수 있습니다. 적절하게 주의를 선택, 유지, 전환할 수 있는 능력이 바로 '주의집중력'입니다. 아이가 주의를 전환하는 데 어려움이 있을수록 미리 약속을 정하고 그 시간에 스스로 끝내는 것(버튼을 끄거나 화면을 종료하는 것)을 좀 더 많이 연습할 필요가 있습니다. 처음 몇 번은 화를 내거나 발을 구르며 저항할 수도 있겠지만 꾸준하고 일관적인 태도로 규칙을 적용했을 때 아이는 적절하게 주의를 전환하는 방법을 배우고 연습할 수 있을 것입니다.

멀티태스킹을 하면서도 주의집중이 가능할까요?

연구에 따르면 현대인들이 흔히 하고 있는 간단한 멀티태스킹(한 번에 여러가지 일을 처리하는 것)이 우리의 인지능력에 큰 영향은 주지 않지만, 우리의 뇌는 한정되어 있는 만큼 중요한 과제에서 멀티태스킹을 하면 주의집중력이 떨어지는 경향이 있다고 합니다. 아이들이 온라인 수업을 하면서 주의가 분산되어 보이는 많은 이유 중 하나는 인터넷 사용 환경 자체가 멀티태스킹을 하도록 유도하고 있기 때문입니다. 인터넷을 사용하게 되면, 자주 팝업이 뜨거나 광고가 보이고, 메시지가 쏟아지기까지 합니다. 아이들이 늘 옆에 가지고 있는 스마트폰 또한 그렇습니다. 사실 온라인 학습 자체의 문제보다 인터넷 사용에서 주의를 분산시키는 많은 방해물 때문에 아이들이 온라인 학습에 몰두하기 어려울 수 있습니다.

일단 아이들이 학습을 효율적으로 진행할 수 있는 환경을 스스로 만들 수 있도록 방법을 알려주는 것이 필요합니다. 물론 이러한 습관을 스스로 잘 하는 아이는 거의 없으며 강요해서 되는 것도 아닙니다. 아이가 주의집중할 수 있는 환경을 만드는 습관을 들이도록 어른이 함께 도와주어야 할 것입니다. 아이 스스로 외부 자극이 자꾸만 자신을 방해하고 있다는 사실을 인식하고, 수업을 시작하기 전에 주의를 분산시키는 자극에 대해 메시지 알림을 꺼놓는 등의 장치를 하는 습관을 들이는 것이 주의집중력을 높이는 데 도움을 줄 것입니다. 수업이나 학습을 시작하기 5분 전 혹은 3분 전에 주변 정리를 하는 습관을 만드는 것도 큰 도움이 됩니다. 수업 시작 전에 미리 챙기고 정리할 것들을 체크리스트로 만들어 잘 보이는 곳에 붙여 놓는 것도 좋겠습니다.

온라인 학습의 효과를 올리려면 어떻게 도와주어야 할까요?

다양한 연구에 따르면 나이가 어릴수록 디지털 기기를 사용하는 학습보다는 사람과 직접 만나는 학습이 더 효과적이라고 합니다. 그것은 학습의 도구가 디지털이냐 종이냐의 문제라기보다 누구와 어떤 방식으로 상호작용하는지와 더 큰 연관이 있습니다. 가장 좋은 방법은 아이가 사람과 직접 상호작용하며 책을 읽거나 학습하는 것이겠지만 그것이 불가능하다면 상호작용이 포함된 온라인 학습이 대안이 될 수 있을 것입니다. 또한 사람들은 온라인 학습은 컴퓨터에 저장되어 있으므로 언제든 다시 볼 수 있다고 생각해 자연스럽게 덜 기억하려는 경향이 있습니다. 그러므로 온라인으로 학습한 내용을 다시 자신의 것으로 요약 정리하는 과정이 추가된다면 학습의 효과는 커질 수 있습니다. 온라인 학습 전에 그날 배울 교과목이나 제목 정도를 훑어보고 시작하도록 하면 좋겠습니다. 학교 교실에 시간표를 공지해 놓는 것처럼 하루나 일주일 단위의 온라인 수업 계획표를 책상 앞에 붙여두어도 좋습니다. 그리고 수업을 마치고 나서 혹은 저녁에 한 번쯤 아이와 그날의 학습 내용을 가볍게 이야기해보는 간단한 활동도 온라인 학습의 효과를 좀 더 높여줄 수 있습니다.

전문적 도움을 받고 있는 아이는 집에서 어떻게 도와줄까요?

인지적인 부분에서 전문가의 도움을 받아야 하는 주의력결핍 과잉행동장애(ADHD)나 학습장애 아동들은 기본적으로 병원이나 기관 등의 도움이 필수적이며 이미 오랫동안 전문적인 도움을 받고 있는 경우가 많을 것입니다. 그렇지만 전문적인 치료를 주기적으로 받고 있는 아동이더라도 집에서 오랜 시간 부모와 보내는 요즘, 좀 더 많은 어려움을 겪을 수 있습니다. 주의집중이나 자율성에 대한 양육의 기본적인 틀은 다른 아동들과 같지만, 이러한 어려움이 있는 아동들을 집에서 어떻게 좀 더 도와줄 수 있는지 살펴보겠습니다.

1) 주의집중 시간이 짧다면 그에 맞춰 학습시간 및 주기를 조정합니다

다른 아이들이 30분 간 문제집을 풀고 10분 쉰다면 ADHD 아동은 20분 학습하고 10분 쉬는 등의 주기로 변경한다면 더 효과가 좋을 수 있습니다. 학습장애 아동의 경우에도 다른 아동들에 비해 학습 시 더 많은 인지적인 노력을 기울여야 하므로 학습 주기를 짧게 나누어 보는 것도 도움이 될 수 있습니다.

2) 바람직한 행동에 대한 즉각적인 보상은 도움이 됩니다

집에서 아이의 긍정적인 행동에 대한 꾸준한 강화와 즉각적인 보상 (칭찬, 스티커 등)을 한다면 좀 더 바람직한 행동을 이끌어 낼 수 있습니다. 아이의 부적절한 행동보다 바람직한 면에 주의를 기울이는 것은 어렵지만 더 좋은 방법입니다. 예를 들어 온라인 수업 때 계속 돌아다니는 아이라면, 아이가 일어나 돌아다닐 때 지적을 하기보다 돌아다니지 않고 앉아있는 상황을 발견하는 즉시 칭찬과 보상을 해주는 것입니다. 아동이 문제를 풀다가 짜증을 내거나 포기하는 장면이 아닌, 노력하거나 애쓰는 모습에 초점을 맞추고 힘들지만 잘 해내고 있다는 점을 칭찬하고 격려하는 것이 보다 나은 방법입니다.

3) 정서적인 부분에 좀 더 많은 주의를 기울여야 합니다

ADHD나 학습장애 아동의 경우 집에서 부모님과 학습 문제로 자주 부딪치다 보면 평소에 비해 과도한 수준의 부정적인 피드백을 받고 있을 수 있습니다. 아이도 바깥 활동이 줄어 스트레스를 받고 있는 상황이므로 부모님이 아이의 정서적인 어려움을 좀 더 살펴봐야 할 것입니다. 충동적이고 즉흥적인 모습을 보인다고 해서 정서적으로 덜 민감한 것은 아닙니다. 오히려 부모님의 말이나 행동에 더 예민하고 위축될 수도 있습니다. 이러한 아동의 정서적인 어려움 때문에 아동이 더 충동적이거나 무력하게 보일 수도 있으며 ADHD나 학습장애의 증상이 더 나빠진 것처럼 보일 수도 있습니다. 지금은 아이의 어려움에 대한 공감과 지지가 가장 필요한 시기입니다.

잔소리를 줄이고 효과적으로 지시하기

"집중해!"라는 말은 과연 효과가 있을까요? 부모가 아이에게 집중하라고 하는 말은 대부분 '잔소리'로 받아들여집니다. 사전적 의미로 잔소리란, '쓸데없이 자질구레한 말을 늘어놓거나 필요 이상으로 듣기 싫게 꾸짖거나 참견하는 말'을 뜻합니다. '쓸데없이' 그리고 '필요 이상'이라는 말이 중요합니다. 부모는 꼭 해야 하는 말이라고 생각하지만 반복적인 지시나 참견은 효과가 없습니다. 부모가 반복적인 지시(=잔소리)를 하는 목표는 아이의 행동이 변화하길 바라서일 것입니다.

그렇다면 효과적인 지시란 어떤 것일까요?

☑ 한 번에 한 가지 내용만 지시합니다

집중 좀 하고 연필 똑바로 잡고 글씨 제대로 좀 써! → 공책을 반듯하게 놓고 쓰자.

☑ 구체적인 내용을 지시합니다

문제에 집중해라. → 자, 1번부터 천천히 차례로 해봐. 모르는 문제는 물어보고.

☑ 짧고 간결하게 말합니다

너 왜 이렇게 산만하고 정신없이 구는 거니? 이러다 학교 가서는 어쩔래? 다른 애들도 이러니? 엄마가 말하는데 왜 안 보는 거야? → 문제를 다시 한 번 읽어보자.

☑ 과거 일을 끌어오지 말고 지금 눈앞의 일을 말합니다

너 또 집중 안 하고 뭐 하니? 맨날 이거했다, 저거했다 그럴래? → 한 번에 두 가지 일을 할 수는 없어. 책 읽는 게 끝나면 피아노를 치자.

☑ 아이 얼굴을 마주하고 이야기합니다

멀리서 말로만 지시하면 듣는 사람도 지시를 이행하기 어렵습니다.

☑ 얼굴 표정에 짜증이나 분노를 담지 않고 말합니다

아이는 얼굴만 보고 이미 듣기 싫어집니다.

☑ 안 되는 것을 말할 때는 대안이나 대체 행동을 이야기해줍니다

뛰지 좀 마! → 여기서 뛰는 건 위험해서 안 돼. 좀 이따 놀이터에서 뛰는 건 괜찮아. 혹은 뛰는 건 안 되지만 손으로 뭔가 하는 건 괜찮아.

☑ 공감을 표현하면서 말하는 것이 효과적입니다

잘 안 되니까 짜증이 나는구나. 그럴 때 짜증이 나고 화가 날 수 있지. 하지만 짜증난다고 물건을 던지면 안 돼. 다른 방법을 찾아보자.

잔소리와 긍정적 상호작용의 비율 조정하기

아이와 오늘 하루 동안 나눴던 대화 가운데 잔소리 등 부정적인 이야기와 긍정적이고 밝은 대화의 비중은 어떻게 될까요? 50 대 50쯤 되나요? 30 대 70 정도인가요? 구체적인 비율을 머릿속에 떠올려 보시기 바랍니다. 부모의 많은 잔소리는 염려와 걱정에서 비롯됩니다. 걱정과 불안이 많아지면 아이에게 필요 이상의 잔소리를 하게 됩니다. 사실 부모도 아이에게 잔소리를 하다보면 감정이 몹시 상하는 게 당연합니다. 일단 먼저 호흡을 가다듬고 지금 이 말이 꼭 필요한지 생각하고 말하는 것이 필요합니다. 또한 부정적인 말이나 불안을 표현하는 이야기만큼 긍정적인 대화와 격려 또한 비슷하거나 훨씬 더 많은 비율로 할 수 있도록 의식적으로 그 비율을 조절해야만 합니다. 코로나로 가족 모두 집에 머무는 시간이 길어지면서 아이에게 잔소리가 늘었다면 그만큼 다른 긍정적인 상호작용도 많아져야만 부모의 잔소리와 지시가 효과 있을 것입니다.

온라인 수업 5분 전 스스로 체크리스트

집에서 하는 온라인 수업이지만 쉬는 시간과는 다르게 장면을 전환하는 것이 주의집중에 도움이 됩니다. 옷을 갈아입거나 방 분위기를 조성하는 등의 간단한 활동으로도 주의가 전환됩니다. 그러한 내용을 적은 체크리스트를 만들어 아이가 날마다 스스로 자신의 자세를 체크하고 수업을 시작하도록 책상이나 컴퓨터 옆에 붙여두면 좋습니다. 체크리스트를 만들 때는 아이와 함께 이야기를 나누면서 목록을 정해야 스스로 지킬 수 있으며, 아이가 충분히 스스로 할 수 있는 간단하고 쉬운 내용일수록 좋습니다. 제대로 하라고 잔소리하는 대신 수업 전에 어른이 아이와 함께 미리 만들어 놓은 내용을 소리 내어 읽어보면 좋겠습니다.

〈온라인 수업 5분 전 스스로 체크리스트〉

☐ 세수하고 잠옷을 갈아입고 수업 모드로 전환했나요?

☐ 오늘 날짜와 날씨를 확인해 보았나요?

☐ 휴대폰을 진동으로 바꾸거나 전원을 껐나요?

☐ 책상에 컴퓨터 외에 방해될 물건을 치웠나요?

☐ 가족들에게 수업 시작하니 조용히 해달라고 부탁했나요?

☐ 오늘 수업에 필요한 책과 준비물을 가져다 두었나요?

아이의 주의집중력을 높여주는 놀이

놀이는 자발적으로 하는 즐거운 활동입니다. 아이들은 놀이를 통해 여러 가지 발달을 증진할 수 있습니다. 놀이를 하면서 주의집중력도 좋아질 수 있지만 그것만이 목적이 되어버리면 아이가 흥미를 잃을 수 있습니다. 놀이를 같이 하는 어른도, 아이도 함께 즐거울 수 있는 놀이를 찾아봅시다. 유치원생은 물론 초등학생들도 어른과의 놀이 시간은 긴장을 풀어주고 주의를 전환해 일상에서 즐거운 기분을 회복하게 해줍니다.

① 적절한 신체 놀이가 주의집중력을 향상시킵니다

☙ 종이 위에서 균형 잡기 놀이

1. 종이를 크기 별로 여러 장 준비합니다.

2. 처음에는 큰 종이(두 발 보다 큰 크기) 위에 서서 5초간 버티면 통과합니다.

3. 5초가 지나기 전에 종이를 벗어나면 다음 사람 차례로 넘어갑니다.

4. 점점 종이의 크기를 줄여갑니다. 가장 작은 종이(발 하나 크기)에서까지 버티면 통과, 못 버티면 전 단계부터 다시 시작합니다.

☙ 즐겁게 춤을 추다가 그대로 멈춰라

1. 놀이하는 사람들이 함께 짧은 노래 하나를 정합니다.

2. 노래를 부르면서 신나게 춤을 추거나 몸을 움직입니다.

3. 노래가 멈추는 곳에서 동작을 멈춥니다.

4. 멈춘 상태로 10초를 견디도록 합니다.

5. 여러 번 반복하면서 가만히 있는 시간을 늘려갑니다.

② 주의집중력을 키우기 좋은 간단한 게임

☙ 다른 곳 찾기

비슷한 두 그림 사이에서 다른 점을 찾아내는 게임입니다. 두 그림을 자세히 관찰하고 비교해서 서로 다른 점을 찾아내는 활동이 주의집중력 향상에 도움이 됩니다.

☑ 숨은 그림 찾기

복잡한 그림 사이에서 원하는 그림을 찾아내면서 필요한 곳에 주의를 집중하는 연습을 할 수 있습니다.

☑ 노래에서 같은 단어가 나오는 곳마다 손뼉 치기

아이와 함께 노래를 부르며 특정 단어나 음절에 손뼉을 치거나 소리를 안내는 방식으로 노래를 하면 주의 집중하는 연습이 됩니다. 아이의 수준에 따라 특정한 단어(예, 비행기)가 나왔을 때 손뼉을 칠 수도 있고, 특정글자(예, 비)에만 손뼉을 칠 수도 있습니다.

예시 "떴다 떴다 비행기 날아라 날아라 높이 높이 날아라 우리 비행기"

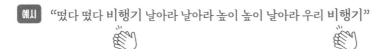

③ 주의집중력 향상에 좋은 보드게임 소개

대부분의 보드게임은 주의집중력 향상에 도움이 됩니다. 게임 자체의 효과도 있겠지만 게임을 하면서 순서를 기다리고 긴장감을 견디는 것역시 연습할 수 있기 때문입니다. 그 가운데 몇 가지를 소개합니다.

🎴 아이스크림 쌓기

어린 연령의 아이들에게 알맞은 놀이로, 아이스크
림콘 위에 아이스크림을 높이 쌓아올리는 게임입
니다. 아이의 수준에 따라 점점 개수를 많이 쌓을
수 있도록 연습할 수 있습니다. 아이스크림 가게 역할놀이를 같이 하면
서 더 즐겁고 유익하게 놀이해보세요.

🎴 흔들흔들 피자토핑

부모와 아이가 번갈아 요리사의 손 위에 피자토핑
을 올리며 조심스럽게 무게중심을 잡는 게임입니
다. 토핑이 와르르 무너지는 것에 대한 긴장감을
느끼며 감정을 조절하는 연습도 할 수 있습니다.

🎴 젠가

나무토막을 쌓아올리는 게임으로 토막을 쌓거나
뺄 때 주의집중하는 것부터, 계획하고 예측하는 부
분에 대한 주의력까지 훈련할 수 있습니다.

🎴 도블

같은 그림을 찾아 카드를 획득하는 게임입니다. 비
슷한 색과 모양의 그림들을 주의 깊게 찾아내는 연
습을 통해 주의집중력을 키울 수 있습니다.

☑ 할리갈리

같은 과일 그림이 다섯 개가 되면 종을 치는 게임입니다. 그림의 수를 빠르게 세고 손을 뻗어 종을 치는 것까지 주의집중력을 연습할 수 있습니다. 하지만 다소 경쟁적인 게임이기 때문에 아이가 화를 내거나 힘들어 한다면 그 부분에서 좀 더 연습이 필요하다고 볼 수 있습니다.

☑ 치킨차차

동일한 두 가지 그림 카드를 기억하고 맞춰보는 게임입니다. 아이가 그림을 기억하려고 애쓰면서 기억력과 주의집중력이 향상됩니다.

☑ 우봉고

카드에 그려진 그림에 도형을 맞추는 게임입니다. 주어진 시간에 맞춰 실행하면서 주의집중력 연습을 할 수 있습니다.

☑ 루미큐브

초등학교 중, 고학년 이상의 어린이들에게 적합한 다소 어려운 게임입니다. 일련의 규칙에 따라 숫자를 정렬하는 게임으로 규칙을 통해 주의집중 연습을 할 수 있습니다.

02

아이가 버리는 시간이 너무 많아요

자율성과 시간 관리

초등학교 5학년 유민이는 오늘 아침에도 10시가 넘어 일어났습니다. 엄마는 밥을 차려 두고 벌써 출근했습니다. 유민이는 일단 컴퓨터부터 켜놓은 다음 라면을 끓입니다. 유민이는 한쪽에는 온라인 수업, 한쪽에는 유튜브를 켜고 양쪽을 번갈아 보며 라면을 먹습니다. 그 사이 친구들이 끊임없이 메시지를 보내거나 전화를 하고, 유민이는 답장을 하거나 전화로 한참 수다를 떨곤 합니다. 어제 같은 오늘, 오늘 같은 내일이 지속됩니다. 하루 종일 게임을 하며 과자를 먹으니 배도 별로 안 고프고 밥을 먹었는지 안 먹었는지 기억도 안 납니다. 엄마는 틈틈이 전화를 해 '밥 먹어라' '숙제 잘 해라'라고 하지만 유민이는 건성으로 알겠다고 합니다. 저녁시간이 다 되어 들어온 엄마는 유민이를 보자마자 밥은 잘 챙겨 먹었는지, 수업은 잘 끝냈는지 묻습니다. 온라인 수업 출석체크를 놓치고 과제 미제출로 선생님께 전화를 몇 번이나 받은 다음부터 엄마는 더 꼼꼼히 체크를 하지만 유민이는 애매하게 대답하고는 소파에 드러누워 친구랑 대화를 주고받으며 낄낄거립니다. 엄마는 정신없이 저녁을 준비해 먹이고 숙제를 확인하려고 하지만 아이는 자기가 알아서 하겠다고만 하고 밤늦은 시간까지 컴퓨터를 켜놓고 있습니다. 숙제를 한다고 하는데 엄마는 자꾸만 애를 의심하는 것 같아 일일이 확인할 수도 없고 뭘 어떻게 해줘야 하는지 몰라 막막하기만 합니다.

처음에 엄마 없이 집에 하루 종일 있을 때는 걱정도 됐지만 점점 혼자 마음대로 지내는 게 편해졌다. 학교도 한 달 정도 안 갔을 때는 너무 가고 싶더니 이제는 어떻게 9시까지 학교를 갔었는지 모르겠고, 학교 끝나고 학원 가느라 바빴던 기억이 까마득하다. 엄마는 나만 보면 숙제 했냐고 물어보는데 진짜 기억이 안 난다. 숙제가 있는 것 같기도 하고, 밤에 갑자기 생각날 때도 있지만 숙제를 안 해도 크게 혼나거나 창피 당할 일은 없어서 좋다. 학교를 안 가면서 학원도 다 그만 두고 혼자 공부하겠다고 큰소리쳤는데 온라인 강의를 들으면서 풀던 문제집은 새것처럼 그대로 쌓여만 있다. 사실 쌓여 있는 문제집을 보거나, 엄마가 걱정하는 소릴 들을 땐 내가 진짜 이대로 바보가 되어가는 것 같아 걱정이 된다. 하지만 이건 내 탓은 아니다. 지금은 나도 어쩔 수 없어서 이러고 있는 건데 엄마는 왜 나만 보면 한숨을 쉬는지 모르겠다. 엄마랑 얘기하다 보면 내가 너무 한심한 아이가 된 기분이라 자꾸 피하고 싶다. 살만 찌고 한심한 돼지, 엄마 눈엔 내가 그렇게 보이는 걸까? 아니면 혹시 난 정말 돼지가 되어가는 걸까? 더 이상 생각하기도 싫다.

유민이 혼자 집에 있는 게 걸려 자주 휴가도 냈었지만 더 이상은 방법이 없다. 아침 일찍 일어나 아이 밥을 차려놓고 무거운 마음으로 집을 나선다. 하지만 성실하게 자기 일을 하는 줄 알았던 아이가 번번이 출석도 잘 안 하고 숙제도 거의 안 한다는 걸 알고는 정말 너무 충격을 받았다. 업무시간 틈틈이 전화도 하고 퇴근하면 곧바로 아이 숙제부터 확인하는 등 나름 열심히 노력하는데 유민이는 점점 내 말을 제대로 듣는 것 같지 않다. 수업도 안 듣고, 숙제도 안 해놓고는 뻔뻔하게 다 했다고 거짓말하거나 엄마가 뭘 아느냐고 할 때도 있다. 아이가 당분간만 학원을 쉬겠다고 할 때 괜히 허락한 것 같다. 그동안 열심히 학원 다녔던 게 지난 몇 달 동안 모두 무너지고 말았다. 내가 일을 그만 둬야 하는 건지, 집에 CCTV라도 설치해야 하는지 정말 너무 고민이다. 차려놓은 밥은 제대로 안 먹고 늘 라면이나 과자만 달고 살아 그런지 살만 찌고 있는 아이를 보면 화가 나다가도 안쓰럽고 마음이 복잡하다. 오늘도 버럭 소리를 지르고 나니 가슴이 더 답답하다. 집 안일을 시키는 것도 아니고 하루 종일 공부만 하라는 것도 아닌데 뭐가 그렇게 힘들다고 숙제까지 미루는 걸까? 아이가 흘려보내는 시간이 너무 아깝다. 5학년 정도 되었으면 이제 좀 정신 차리고 스스로 공부도, 생활도 규칙적으로 할 수는 없는 걸까?

자율성이란 무엇인가요?

흔히 말하는 자율성이란 '해야 할 일들을 인식하고, 하지 말아야 할 것들에 대해 참을 수 있어 스스로를 잘 통제하는 능력'을 말합니다. 심리학자 에릭슨은 '자율성은 보통 만 2세 정도에 나타난다'고 말했습니다. 아이들이 자기주장을 펴고 고집을 부리기 시작하는 시기이지요. 에릭슨은 아이들이 획득해야 할 심리사회적 과제를 만 2세 즈음에는 자율성, 취학 전에는 주도성, 초등학생 때는 근면성으로 보았습니다. 자율성을 획득하지 못한 아이는 수치심을, 주도성을 갖지 못한 아이는 죄의식을, 근면성을 갖지 못한 아이는 열등감을 가진다고도 했습니다. 보통 부모님들이 아이들에게 원하는 자율성이란 에릭슨의 '자율성, 주도성, 근면성'을 모두 더한 개념인 것 같습니다. 하지만 이러한 심리사회적 과제들은 그 나이에 딱 완성되는 것은 아닙니다. 그 나이대에 주요하게 시작돼 이후 자라면서 더욱 견고해지는 것이겠지요. 아직 어린 아이에게 근면성만을 요구하고 있는 것은 아닌지, 어린 시절에 충분히 자율성이나 주도성이 발달하도록 해주지 않은 채 근면성을 바라고 있는 것은 아닌지 생각해 볼 일입니다.

집에서는 왜 자율성이 더 필요한가요?

학교에서는 공부를 하는 시간, 쉬는 시간, 점심시간이 정해져 있고 모든 사람이 그 스케줄에 맞춰 움직입니다. 그러므로 아이가 인지적인 노력을 덜 들여도 자연스럽게 계획대로 움직이게 되는 것입니다. 하지만 아이가 집에서 스스로 하루 일과를 꾸려나가는 일은 낯설고 당황스러울 수 있습니다. 학교는 대부분의 활동이 단체학습 위주로 움직이지만, 집은 훨씬 더 많은 일들이 이루어지는 공간입니다. 아이 스스로 자율성 있게 시간을 활용하길 원한다면 일상생활 전반에 걸쳐 자율적으로 움직일 수 있도록 도와주어야 할 것입니다. 자고 일어나거나, 옷을 골라 입거나, 밥을 챙겨 먹거나 씻는 등 일상의 사소한 일부터 스스로 해나가고 있는지 점검이 필요합니다. 자기 일상을 관리하는 능력은 아이가 배우고 익혀야 할 가장 중요한 능력이지만 그동안 많이 놓치고 있던 부분일 수 있습니다. 집에서의 생활이 길어지고 생활이 불규칙해지기 쉬운 요즘, 아이가 좀 더 많이 자율성을 연습할 수 있는 시기가 되었습니다.

언제쯤 아이가 스스로 계획성 있게 지낼 수 있을까요?

자율성 있는 아이가 되기 위해서는 스스로를 잘 조절하는 능력이 필요합니다. 당장 눈앞에 있는 만족감을 조금 참고 기다릴 줄 알아야 한다는 것이지요. 연구에 따르면 아이들이 눈앞에 있는 만족에 대해(예를 들면 간식) 참고 기다리는 것은 학교에 들어갈 때쯤에나 가능하고 적어도 초등학교 고학년쯤은 되어야 인내심을 추상적으로 개념화할 수 있고 더 큰 보상을 기다리며 눈앞에 있는 만족을 지연시킬 수 있다고 합니다. 그러므로 저학년 아이들이나 유치원생이 뭔가를 배우거나 잘하기 위해 놀거나 쉴 수 있는 상황을 스스로 포기하기란 매우 어렵다는 사실을 알고 있어야만 합니다. 사실 대부분의 어른들도 쉬거나 놀 것이 많은 상황에서 스스로 할 일을 찾아 하기란 몹시 어렵습니다. 많은 노력과 반복적인 계획과 실천이 필요한 일입니다. 아이에게 자신의 하루 일정을 화이트보드나 종이에 대강 써놓는 것부터 시작하게 하면 좋습니다(예를 들면 '아침밥-TV보기-간식-점심밥-놀이터-책 읽기-저녁밥-보드게임-잠자기' 이 정도로 시작해 점점 구체화시켜도 됩니다). 아이들이 자신의 하루 일정이나 시간의 흐름을 스스로 알고 움직이는 일은 생각보다 쉽지 않습니다. 시간마다 부모님이 알려주는 대신 알람을 맞추고 스스로 인지할 수 있게 도와줄 수도 있을 것입니다.

자기조절 능력을 높이려면 어떻게 해야 할까요?

다양한 연구에 따르면 아이들이 인내심을 가지고 자기조절 능력을 높이는 데 가장 효과적인 것은 '자기개념'이라고 합니다. 한 심리학 실험에서는 먼저 "너희들은 정말 멋진 아이들이라고 들었어"라고 말하며 인내심을 유도하는 편이 아무런 이야기도 하지 않고 무조건 참으라고 하는 것보다 훨씬 효과가 좋았다고 합니다. 그러므로 어른들이 아이에게 "너는 왜 그것밖에 못하니?" "나이가 몇 살인데 그렇게 아기처럼 구는 거니?"라는 말은 아이들을 화나거나 움츠러들게 할 뿐, 아이들의 자기개념을 변화시키지 못하거나 더 나쁘게 만듭니다. 결국 아이는 자신에 대해 괜찮은, 할 수 있는 아이라고 느껴야만 스스로 참거나 조절할 수 있습니다. 이는 아이가 아주 작은 일부터 스스로 해내고 만족감을 얻는 것으로부터 시작될 수 있을 것입니다. "지난번보다 훨씬 나아졌어" "정말 노력하고 있구나!" "진짜 힘든 일인데 애쓰는 모습이 참 기특하다"처럼 아이의 마음에 대한 공감과 함께 결과보다는 과정에 대한 격려의 말이 필요합니다.

아이를 많이 도와주는 것이 자율성에 도움이 될까요?

연령에 따라 다르다고 할 수 있습니다. 만 2세가 넘었는데도 아이가 뭔가 실수할까 봐 지나치게 다 해주는 것은 아이의 자율성 발달을 저해할 수 있습니다. 밥을 흘릴까 봐 계속 먹여주거나, 넘어질까 봐 안아주거나 손을 잡고만 다니는 것이 그렇습니다. 초등학생의 경우, 공부만 하면 된다고 하면서 씻고, 옷 입고, 밥 먹는 모든 활동을 여전히 부모가 대신 해주는 경우를 종종 볼 수 있습니다. 모든 발달은 시행착오와 실수를 극복해 나가며 이루어집니다. 아이가 위험하거나 다른 이에게 피해를 주는 상황이 아니라면, 아이 스스로 충분히 경험해나갈 수 있도록 해야만 전반적인 자율성이 발달합니다. 예를 들어 아이가 스스로 씻는 것이 서툴러서 학교에 들어갔는데도 계속 부모가 씻어주었다면 이제는 씻는 방법을 잘 알려준 다음 처음에는 80%, 며칠 뒤엔 50%, 그 다음엔 30% 이렇게 점점 도움을 줄여나갈 수 있겠습니다. 잘 못하더라도 스스로 해나가는 경험이 쌓이면 아이 스스로 혼자서도 할 수 있다는 자기개념이 자리 잡힐 것입니다. 그러한 자기개념이 자율성의 큰 바탕이 됩니다.

아이를 내버려두면 자율성이 저절로 발달할까요?

아이 스스로 할 수 있게 한다는 것이 그냥 내버려 두라는 뜻은 전혀 아닙니다. 아이가 저절로 자율성 있는 아이로 자랄 수는 없습니다. 아이들은 모든 것이 처음이고 잘 모릅니다. '알아서 좀 하라'는 말은 아이가 알아서 할 수 있을만한 능력과 상황일 때 해야 합니다. 그러므로 처음에는 어른이 곁에서 알려주고 지켜봐주어야만 합니다. 답답하더라도 천천히 기다려주며 어른의 보호 속에서 아이가 충분히 연습하도록 도와주는 것입니다. 모든 것을 다 알아서 해주면 아이가 아무것도 배울 수 없고, 아무것도 없는 막막한 벌판에 아이를 내버려두면 혼자 살아갈 수 없습니다. 어른이 적절하게 아이가 해나갈 만큼의 가이드를 주는 것이 필요합니다. 어느 정도가 적절한 가이드일지는 각 집 안이나 아이의 발달 수준마다 다르겠지만 일반적으로는 아이가 사회생활에서의 자립 수준과 집 안에서의 수준을 맞춰주는 것이 좋습니다. 예를 들면 초등학교에 입학하는 정도 연령의 아동의 경우 학교에서 혼자 하는 일들은 집에서도 혼자 할 수 있게 해주는 것이 필요합니다. 혼자 씻고, 옷을 입거나 벗어서 제자리에 걸어두고, 가방을 정리하고, 밥을 먹고

식기를 치우고, 책상에 물건들을 정리하는 정도는 초등학교에 들어갈 나이의 아동이라면 안에서도 밖에서도 혼자 할 수 있어야 하는 일들입니다.

시간 관리는 언제부터 스스로 할 수 있을까요?

초등학교에서 시간을 배우는 시기는 2학년입니다. 다시 말하면 시간에 대한 정확한 개념은 아홉 살쯤 되어야 알 수 있다는 것입니다. 그전까지는 '5분만 기다려'라거나 '30분만 놀자'라는 말은 아이에게 정확하게 전달되지 않습니다. 그렇다면 그 전까지는 시간에 대해 말해주지 않는 게 좋을까요? 그렇지는 않습니다. 모래시계나 소리가 나는 타이머 등을 이용해 어느 정도의 시간이 흘렀는지 서로 약속을 정하고 알려줄 수 있습니다. 또한 초등학교 2학년이 지나도 시간을 잘 잊어버리거나 시간 조절을 어려워하는 아이도 많습니다. 아이들에게 생활 속에서 아이 스스로 시간을 조절하고 지키게 할 때는 모래시계나 타이머를 사용해 간단한 것부터 스스로 약속을 정하고 지키게 하면 좋습니다. 예를 들면 텔레비전을 보는 시간을 정해두고("큰 바늘이 9에 갈 때까지 보는 게 어떻겠니?") 타이머가 울린 다음, 스스로 텔레비전을 끈다면 크게 칭찬해 줄 수 있겠지요. 시간을 잘 안 지키거나 고집을 부리는 아이들도 스스로에게 통제권이 주어지면 잘 지키는 경우도 많습니다. 모든 것을 혼자 해나가기는 어렵겠지만, 아주 작은 것부터 하나씩 만족하고 잘 해냈다는 느낌을 스스로 느끼는 것이 중요합니다. 일

단 시간에 맞춰 스스로 텔레비전 리모컨 종료 버튼을 누르는 것부터
시작해도 충분합니다.

🎋 스스로 시간 관리를 도와주는 유용한 도구들

- **비주얼 타이머:** 시간이 줄어드는 모습을 직접적으로 볼 수
  있다. 스마트폰 앱도 있지만 아이가 스스로 하기에는
  실물을 사용하는 게 좋다.
- **모래시계:** 아직 시계를 볼 줄 모르는 아동에게는 모래시계로
  시간의 흐름을 눈으로 보여주는 것이 좋다.

아이가 이렇게 무의미하게 시간을 보내도 될까요?

집에서 아이와 오랜 시간을 보내는 요즘, 아이가 멍하니 있거나 부
모가 보기에 무의미한 시간을 보내는 것을 크게 걱정하는 분들이 많습
니다. 하지만 아이에게 막연하게 공부를 하라거나 텔레비전을 그만 보
라는 말은 잔소리가 되어버립니다. 사실 아이에게 잔소리하는 부모의
마음에 있는 것은 불안감일 것입니다. 아이가 시간을 낭비하고 있는 것
은 아닌지, 계속 이렇게 놀게 되는 건 아닌지, 그래서 중요한 학업을 놓
치는 건 아닌지… 이런 것들에 대한 불안이겠지요. 하지만 들여다보면
아이가 가만히 있는 것만은 아닐 것입니다. 아이는 뭔가 재미에 빠져
있거나 아니면 정말 쉬고 있을지도 모릅니다. 휴식을 제공하는 것은 부

모나 가정이 해야 할 일 중 아주 중요한 부분입니다.

일단 이 불안한 마음이 내 생각 속에서 나온 막연한 불안인지 현실적으로 아이를 정말 가르쳐야 할 일인지 판단해야 합니다. 그 다음 아이가 어떤 생각을 하는지, 뭘 하며 놀고 있는지 들여다보고 물어볼 수 있는 여유가 생길 것입니다. 아이에게 그만 좀 하라고 잔소리를 하는 대신 함께 의미 있거나 친밀한 활동을 해보는 건 어떨까요? 혹은 하루가 끝나간다면 하루 일과를 정리해보는 것은 어떨까요? 아이의 일상을 비난하거나 비판하는 것이 아니라 부모와 서로 하루를 공유하고 편안한 시간을 가져 보는 것입니다. 오늘 한 일을 돌아보고 내일 할 일을 미리 생각해 보는 것은 당연하지만 쉬운 일은 아닙니다. 저녁 시간 5분만 시간을 내어 부모의 하루와 아이의 하루를 함께 돌아보며 서로 좋았던 일 한 가지와 힘들거나 나빴던 일 한 가지 정도의 이야기를 나눌 수 있습니다. 물론 그때는 비난이 아니라 위로와 격려를 해주어야 할 것입니다. 그렇게 아이는 편안함 속에서 조금씩 자신의 일상을 돌아보고 계획하는 습관을 가질 수 있을 것입니다.

잠들기 전 아이와 일상 나누기

부모와 종일 함께 집에 있었던 아이도, 혹은 떨어져 지냈던 아이도 하루 종일 많은 생각과 경험을 합니다. 차분히 하루를 정리하고 돌아보며 간단하게 내일을 준비하는 습관은 정서적으로 안정감을 줄 뿐 아니라 아이의 자기조절력을 높여주는 데도 좋습니다. 잠들기 전에 누워서 5분 정도 이야기를 나누어 보면 어떨까요? 아이를 혼내는 시간이 아니고, 부모도 아이도 편안하게 일과를 정리하는 뿌듯한 시간을 만들어 나갈 수 있을 것입니다. 나이가 어린 아동이라면 좋은 일 하나, 나쁜 일 하나 정도로 간단하게 이야기를 시작할 수도 있을 것입니다. 이야기를 나눌 때는 가족 모두 원칙을 먼저 숙지하는 것이 좋습니다.

☑ 주의사항: 간단하게 말할 것. 미리 정한 순서대로 말할 것. 비난하거나 비판하지 않을 것

아빠의 하루
- 😊 친구랑 오랜만에 전화해서 기분이 좋았다.
- 🙁 하루 종일 마스크가 답답했다.
- 😨 회의시간에 화를 냈다.
- 😊 내일은 아침에 30분 먼저 일어나야지.

아이의 하루
- 😊 게임에서 순위를 올려서 뿌듯했다.
- 🙁 온라인 수업 하다가 인터넷 연결이 끊어져서 짜증이 났다.
- 😨 숙제를 깜빡 잊었다.
- 😊 숙제를 미리하고 놀아야겠다.

엄마의 하루
- 😊 회사에서 고민하던 일이 해결되어서 속이 시원했다.
- 🙁 출근길 버스가 막혀서 짜증났다.
- 😨 아이에게 잔소리를 심하게 했다.
- 😊 하루 운동 시간을 지켜야지.

- 😊 좋았던 일, 기분
- 🙁 힘들거나 나쁜 일, 기분
- 😨 반성할 것
- 😊 내일 계획

고치고 싶은 습관, 스스로 체크리스트 만들기

아이가 자기 하루를 반성하고 스스로 계획하고 잘 해나가면 좋겠지만 그렇게 할 수 있는 아이는 거의 없습니다. 그렇다면 아이가 스스로 생활을 운영할 수 있도록 작은 것부터 어른과 함께 조절해 나갈 수 있을 것입니다. 처음부터 부담스럽고 지키기 어려운 규칙보다는 간단하고 충분히 지킬 수 있는 규칙을 하나 정해서 스스로 성공할 수 있다는 뿌듯하고 자랑스러운 마음을 먼저 경험하도록 해주는 것이 좋습니다. 모든 변화는 한 번에 이루어지지 않습니다. 느리지만 천천히 하나씩 이루어내는 것이 아무것도 하지 않거나 한 번에 다 하려다 실패하는 것보다 훨씬 나은 방법입니다.

❶ 아이의 하루 일과 가운데 꼭 지켜야 하거나, 개선했으면 좋을만한 일 하나를 정해 봅니다. 아침 일찍 일어나는 것, 온라인 수업에 지각하지 않는 것, 간식을 줄이는 것, 밥을 한 자리에서 먹는 것 등 구체적인 한 가지 목표를 아이와 함께 결정합니다.

❷ 아이와 함께 체크리스트를 만들어 봅니다.

예시 〈하루 30분 운동하기 계획표〉

	월	화	수	목	금	토	일	합계
운동하기	○ 줄넘기	○ 달리기		○ 줄넘기			○ 달리기	4
			×		×	×		3

❸ 체크는 부모가 아닌 아이 스스로 할 수 있게 해주시고 매일 일정한 시간에 체크하도록 알려주세요.

❹ 결과에 대해 일주일에 한 번 혹은 하루에 한 번씩 확인을 하고 한 달 단위로 눈에 보이게 그래프를 만들어 본다면 점점 나아지는 모습을 스스로 알게 될 것입니다.

❺ 아이 스스로 결과를 부모와 솔직하게 이야기 나누고 한 번이라도 지켰다면 뿌듯해 할 수 있도록 응원해주세요. 비난은 금물이며, 칭찬은 충분히 해줄 수 있겠지만 너무 큰 선물이나 보상은 아이의 자발적 동기를 해칠 수 있으므로 신중하게 사용해야 할 것입니다. 대부분의 아이들은 부모의 인정과 칭찬만으로도 충분하다고 느낍니다. 이때 가장 필요한 것은 꾸준히 지켜볼 수 있는 부모의 인내심일 것입니다.

놀이 시간을 확보하는 하루 계획표 만들기

유치원, 초등학생 시기에 아이의 인지발달을 위해 가장 먼저 고려해야 할 것은 발달의 균형입니다. 아이의 발달은 한 부분만으로 이루어지지 않으며 한쪽이 지나치면 다른 부분은 부족할 수밖에 없습니다. 균형적인 발달을 위해 좋은 방법 한 가지는 '놀이'입니다. 놀이를 통해 아이들은 자기조절력을 발달시킬 수 있습니다.

그렇다면 놀이 시간을 우선시하는 계획표를 짜보면 어떨까요? 학습 계획표를 짜는 것은 아이들에게 부담스럽지만 놀이 계획을 짜는 것은 흥미로울 수 있습니다. 물론 놀이 계획표를 짜는 것도 쉬운 일은 아니며 지키는 것은 더욱 그렇습니다. 무엇인가에 대한 계획, 예측 그리고 그것이 이루어지지 않았을 때의 좌절감과 후회하는 기분 또한 아이들이 경험해야 할 것입니다.

예시

하루 세 번 놀이를 먼저 계획하고 난 다음 다른 일과를 정리하는 시간표의 예

〈하루 놀이 계획표〉

놀이		내용	누구와
아침놀이 전 준비		하루 놀이 시간표 정하기, 아침밥 먹기, 아침 체조하기	
*아침놀이	10:00-11:00	레고로 병원 만들기	혼자
점심놀이 전 준비		점심밥 먹기, 책 읽기, 친구한테 편지쓰기	
*점심놀이	13:00-14:00	병원놀이로 역할놀이 하기	아빠랑
저녁놀이 전 준비		레고 정리하기, 인터넷 영어수업 듣기, 저녁 준비 돕기, 저녁밥 먹기	
*저녁놀이	19:00-20:00	목욕탕에서 비누 그림 그리며 놀기	동생이랑
저녁놀이 후		이 닦고 옷 갈아입고 눕기	

03

" 스마트폰과 컴퓨터를 끼고 살아요
디지털 기기와 인지학습
"

5학년 지민이는 오늘도 오전에는 온라인으로 학교 수업을 듣고, 오후에는 온라인으로 영어 강의를 듣습니다. 틈틈이 유튜브에서 어린이 요가를 따라하며 스트레칭도 잊지 않습니다. 또 책 읽기를 좋아해 웹툰이나 웹소설을 보기도 합니다. 문제집도 꾸준히 푸는데, 잘 모르는 내용은 QR코드를 찍어 바로바로 선생님의 강의를 봅니다. 지민이 아빠는 디지털 기기 사용을 엄격하게 관리하는 편입니다. 유해한 콘텐츠를 최대한 보여주지 않겠다고 생각했지요. 예전에는 스마트폰이나 인터넷 사용 시간을 부모님이 정해줘 하루에 정해진 시간에만 사용했지만 요즘은 그럴 수가 없습니다. 지민이는 인터넷을 할 때마다 아빠한테 허락을 받는 게 번거로우니 그냥 다 열어달라고 하고, 아빠는 좀 망설여집니다. 아직 어린데 괜히 조절을 못하게 되는 게 아닌가 싶고, 온갖 나쁜 뉴스가 머릿속에 떠오릅니다. 지민이는 학교에 가지 못하는 와중에도 나름대로 성실하게 지내는데 아빠가 자기를 못 믿는 게 속상하고 짜증이 납니다. 아빠는 인터넷 시간을 늘려달라는 지민이의 부탁에 일단 '안 돼!'라고 해놓고 매일 고민에 빠져 있습니다.

아이의 속마음

아빠는 늘 나를 못 믿는다. 물론 말로는 세상에서 가장 착하고 모범적인 아이라고 칭찬하지만 그 말이 마치 나를 감옥에 가두는 느낌이다. 나는 지금까지 내가 할 일을 다 알아서 하고 있는데도 아빠는 재택근무를 하면서 번번이 내가 온라인 수업은 잘 하는지 내 방을 들여다보고 내 폰을 감시하곤 한다. 심지어 잠깐 쉬면서 웹툰이나 웹소설을 볼 때도 아빠 허락을 받아야 하는 건 정말 너무 심하다고 생각한다. 친구들을 못 만나니까 연락도 마음대로 하고 같이 게임도 하고 싶은데 아빠한테 계속 말하고 설득하는 거 자체가 너무 스트레스다. 그렇다고 아빠가 인터넷을 안 하면 말을 안 한다. 아빠는 실컷 스마트폰을 들여다보고 유튜브도 보고, 게임도 하면서 나한테만 안 된다고 한다. 집에만 있어야 하는 것도 억울한데 아빠까지 답답하게 구니까 정말 미치겠다.

아빠의 속마음

내가 어릴 때도 컴퓨터에 빠진 애들이 있었다. 보통 그런 애들은 정신 못 차리고 컴퓨터 게임이나 채팅에 빠져 밤을 지새우곤 했다. 그 시절엔 부모님들이 컴퓨터로 공부를 하는 줄 알았지 애들이 그러는 줄은 모르셨을 거다. 하지만 지금은 다르다. 일단 시작을 하면 안 된다. 애들의 참을성은 부모에게 달려 있다. 게다가 인터넷이란 것이 들어가 보면 온갖 범죄가 일어나는 세상이다. 적어도 아이의 뇌 발달을 위해 초등학교 졸업할 때까지는 인터넷을 맘대로 접하게 하지 말아야겠다고 생각했는데 코로나 때문에 온라인 수업을 하게 되면서 와르르 무너졌다. 아이는 온라인 수업이며 유튜브까지 이전에는 한 번도 접하지 못한 세계에 발을 들여놓았고 이제는 아주 당당하게 온라인 수업을 해야 하니 밤늦은 시간까지 인터넷 사용을 풀어달라고 한다. 아직까지는 엄격하게 아이를 잘 관리하고 있지만 불안하기도 하고 내가 계속 옆에서 지켜보고 있을 수도 없는 문제라 걱정이 앞선다. 이러다 지민이가 게임이나 온라인 세상에 중독되어 버리면 어떡하지?

디지털 기기 사용은 인지능력과 어떤 관계가 있을까요?

얼마 전까지만 해도 텔레비전은 바보상자라고 불렸으며, 우리 머릿속에는 디지털 기기를 많이 보는 것에 대한 본능적인 우려가 있습니다. 미디어에 많이 노출된 아이를 걱정하는 큰 이유는 미디어가 주로 일방적인 의사소통을 하기 때문입니다.

실제로 어린아이일수록 일방적인 미디어 자극의 교육적인 효과는 거의 없으며 심지어 만 2세 이하의 아기들에게는 오히려 굉장히 유해할 수도 있습니다. 그렇지만 학령기 아이들에게 디지털 학습은 어떨까요? 그것이 일방적인 것이 아니라 화상 회의 같은 상호적인 자극이라면 어떨까요?

미디어 사용과 인지적인 능력에 대한 장기적인 연구 결과는 거의 없는 편이지만, 최근의 여러 가지 연구를 보면 디지털 기기를 사용해 공부하는 것과 일반적인 수업에 참여하는 것 사이에서 큰 차이는 발견되지 않았습니다. 무엇보다 중요한 것은 디지털 기기를 어떻게 사용하느냐와 같은 방법적인 문제였습니다. 말하자면 교사나 어른이 적절한 방법으로 효율적으로 디지털 기기를 이용하느냐에 달려 있다는 뜻입니다.

그러므로 학습에서 디지털 기기의 사용 여부를 떠나 아이가 적합한 학습을 하고 있는지, 필요에 맞는 교육을 받고 있는지 여부를 더 살펴봐야 합니다. 다시 말하면, 디지털 기기 사용만으로 저절로 학습에 도움이 될 수는 없으며, 이것이 꼭 종이책 학습에 비해 좋지 않다고 할 수도 없습니다.

요즘처럼 어쩔 수 없이 디지털 기기로 학습할 수밖에 없는 상황이라면 좀 더 적극적으로 효과적인 디지털 기반 학습을 고민해봐야 할 것입니다.

디지털 기기 사용, 연령별로 어느 정도가 적절할까요?

디지털 기기 사용의 내용은 각 가정의 상황이나 분위기마다 매우 다릅니다. 연구에 따르면 아이들의 하루 디지털 기기 사용 시간은 부모의 사용 시간과 매우 밀접한 관련이 있다고 합니다. 아이들과 부모가 집에 있는 시간이 길어지고, 디지털 기기로 의사소통하고 학습하는 일이 많아지는 요즘, 이제는 아이의 성장에 따른 미디어나 디지털 기기 사용에 대한 원칙과 약속을 고려하는 것이 중요합니다.

세계보건기구 및 미국 소아과학회의 연구 결과 및 지침은 다음과 같습니다.

- 만 2세 이하의 아동: 미디어 및 디지털 사용은 전혀 이득이 없음
- 만 3~5세 미취학 아동: 어느 정도의 교육적인 효과가 있으나 적어도 시작하고 끝낼 때는 보호자의 동반이 필요함. 하루 한 시간 이하의 스크린타임 권고.
- 만 6~12세 학령기 아동: 더 많은 스크린타임을 가진 아동이 인지학습에서 더 낮은 평가를 받음. 하루 두 시간 이하의 스크린 타임 권고(인지 학습 시간 제외).

출처: American Psychological Association

물론, 이것은 권고 사항이며 실제로 많은 아동들이 이보다 훨씬 긴 시간 동안 미디어를 시청하고 있고, 대부분의 가정이 이 문제를 고민하고 있으므로 이보다 더 많다고 지나치게 걱정할 일은 아닙니다. 하지만 적절한 지원과 감독이 어느 정도여야 할지에 대해 분명 고민을 해야만 합니다.

최근 외국의 연구에 따르면 10대 청소년 부모를 조사해서 적극적-물리적 감독, 적극적 지도, 자유방임 이렇게 세 그룹으로 나누어 자녀들의 위험한 온라인 행동을 조사했는데 놀랍게도 가장 많이 통제하는 첫 번째 그룹의 자녀들이 가장 위험한 온라인 행동을 했다고 합니다. 아이들이 나이 들수록 적극적으로 차단하고 통제하는 방법은 효과가 떨어지게 된다는 것입니다. 아이들은 어쨌든 부모보다 디지털 기기 사용에 능숙하고 앞으로 점점 더 그럴 것입니다. 이제는 디지털 기기에 대한 무조건적인 통제보다는 어린 시절부터 '조절'과 '분별력'을 함께

가르쳐 효과적으로 잘 사용하도록 해야 할 때인 것입니다.

디지털 기기로 학습할 때 무엇부터 가르쳐야 할까요?

이제는 아이가 아주 어릴 때부터, 아이가 디지털 기기를 접하는 순간부터 디지털 기기를 사용하는 방법에 대한 교육이 필요합니다. 아이가 어릴 때부터 인사 예절이나 밥 먹는 것, 신발을 신고 벗는 것을 가르치고, 학습에 있어서도 처음에는 책을 아이와 함께 읽고, 연필을 잡고 글씨 쓰는 것을 부모가 처음부터 가르쳐 주는 것처럼 디지털 기기 사용도 마찬가지입니다.

아이와 함께 이야기 나누고 가르쳐야 할 세부적인 내용은 다음과 같습니다. 처음에는 간단한 것부터 시작해 차차 더 많은 사항을 알려주고 약속해 나가야 할 것입니다.

① 디지털 기기 사용 시간을 구체적으로 함께 정하고 스스로 끌 수 있게 하기
② 디지털 기기를 사용하는 장소를 일정하게 정하기
③ 하루에 한 번, 가족 모두 디지털 기기를 사용하지 않는 시간 정하기
④ 주기적으로 디지털 기기를 부모와 함께 이용 하는 시간 정하기
⑤ 디지털로 의사소통하는 상황에서의 예의 익히기
⑥ 디지털 콘텐츠를 비판적으로 수용하는 법 배우기

☑ 디지털 리터러시(Digital Literacy)

디지털 기기를 다루는 능력을 포함한 디지털 이해, 활용 능력을 '디지털 리터러시'라고 부른다. 글자나 문자를 읽고 쓰는 능력 없이는 학습이 어려운 것처럼 디지털 기기가 학습에서 중요해진 요즘, 디지털 기기를 이해하고 잘 활용하는 능력 또한 중요하다. 이것은 아이가 읽고 쓰는 데 시간을 들여 교육하는 만큼이나 부모가 아이에게 따로 교육해야 할 필수적인 부분인 것이다.

디지털 기기를 활용한 학습의 장점은 무엇인가요?

디지털 기기는 글자 중심인 종이책에 비해 이미지와 글 모두를 시각적으로 편리하게 담고 있기 때문에 아이들이 어려운 내용도 좀 더 쉽게 흥미를 가지고 접근할 수 있는 장점이 있습니다. 또한 터치스크린이나 게임 방식의 학습은 일방향이 아닌 쌍방향으로, 아이가 주체적으로 학습을 해나갈 수 있도록 도와줍니다. 아이들은 자기 스스로 주도하는 학습을 할 때 학습 효과가 가장 좋습니다. 또한 디지털 기기는 아이가 표현하는 방식을 다양화해서 글이나 말뿐 아니라 이미지나 음악 등 여러 가지 매체를 이용해 자신의 의견이나 학습 내용을 표현하고 결과물을 생산해낼 수 있는 장점이 있습니다. 수줍음이 많아 교실에서 손을 들어 발표하는 데 어려움이 있는 아이라면 더욱 그렇습니다. 처음 아이가 책을 접할 때 아이를 데리고 부모가 책을 한참이나 읽어주었던 것처럼 디지털 기기도 아이와 함께 원칙을 되새기면서 여러 가지 사용법을 익혀 나간다면 아이도 차차 디지털 기기를 사용해서 주도적이고 효율적으로 학습할 수 있을 것입니다.

디지털 콘텐츠의 비판적 사용이란 어떤 것인가요?

1) 정보에 대한 선별적인 수용

디지털 콘텐츠 안에는 아이들이 온라인 수업을 하는 교육적인 내용뿐 아니라 수많은 광고와 상업적인 내용 혹은 잘못된 정보도 가득합니다. 지금의 넘쳐나는 정보들은 문자나 영상으로 된 정보가 어느 정도의 신뢰성이 있었던 과거와는 완전히 달라졌습니다. 그러므로 '올바른 정보'가 무엇인지 알아내기 위해서는 경험이 쌓여야만 합니다. 교육적인 콘텐츠조차도 적합하고 원하는 정보를 찾기 위해서는 많은 시행착오가 필요합니다. 아이와 함께 정보를 수집하고 그 내용에 관해 올바른 내용인지 판단할 수 있도록 이야기를 나누어볼 필요가 있습니다. 예를 들면 하나의 정보를 한 곳에서만 찾아내기보다 정보의 출처가 명확한지, 근거가 있는 내용인지 이차적으로 다른 콘텐츠에서 다시 한 번 찾아볼 수 있을 것입니다. 한 가지 콘텐츠에서 얻은 정보보다는 다양한 경로로 여러 가지 정보를 비교해보면서 선별하는 능력을 키워보는 것도 바람직합니다.

2) 개인 정보에 대한 보호

아이들은 의외로 온라인에서 알게 된 사람과 오프라인에서 알게 된 사람을 크게 구분하지 않는 경우도 많습니다. 그래서 사진이나 신상정보를 쉽게 알려주고도 크게 문제라고 느끼지 않기도 합니다. 일단 내가 누군가에게 보내거나 올린 정보, 사진은 온라인상에서 쉽게 없애지 못한다는 사실에 대해 잘 알려주어야만 합니다. 디지털 기기를 사용하기 전에 꼭 약속하고 다짐해야 하는 부분입니다.

☑ 디지털 발자국(Digital Footprint)

> 온라인상에서의 각종 로그인 기록, 구매나 결제 이력, 검색 기록 등 활동 기록이 디지털 기록으로 남는 것을 '디지털 발자국'이라고 한다. 이러한 디지털 발자국은 범죄자를 검거하는 등의 긍정적인 방향으로 사용되기도 하지만, 개인정보를 수집해 광고의 목적으로 사용하거나 범죄의 목적으로 쓰이기도 하므로 주의가 필요한다. 어른들도 그렇지만 아이들이 함부로 앱을 구입하거나 아무 사이트에나 가지 않도록 하는 것, 개인정보를 무조건 입력하지 않도록 하는 것이 중요하다.

3) 온라인에서의 예의

아이들이 온라인 수업을 하면서 선생님 모르게 채팅방을 열어 채팅을 하거나 사진을 캡처해 장난을 치는 경우도 많이 있습니다. 아이들은 어른들보다 디지털 기기를 쉽게 다루기 때문에 새로운 재미와 장난거리를 잘 찾아냅니다. 아주 작은 장난까지도 못하게 하긴 어렵습니다. 하지만 이러한 것들이 도를 넘어 다른 사람에게 피해를 주거나 상처를 줄 수도 있다는 점을 꼭 알려줘야만 합니다. 직접 만나지 않는 온라인 상황은 수줍은 아이들에게 표현하게 만들 수 있는 장점도 있지만 아이들을 좀 더 짓궂게 만들 수 있다는 점을 간과해서는 안 됩니다.

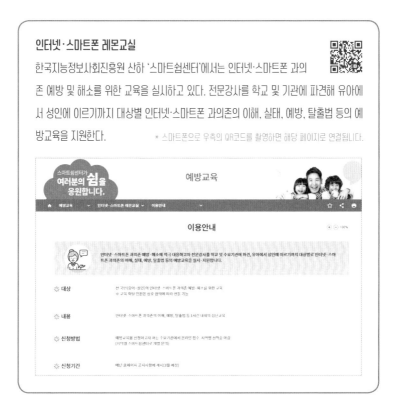

인터넷·스마트폰 레몬교실

한국지능정보사회진흥원 산하 '스마트쉼센터'에서는 인터넷·스마트폰 과의존 예방 및 해소를 위한 교육을 실시하고 있다. 전문강사를 학교 및 기관에 파견해 유아에서 성인에 이르기까지 대상별 인터넷·스마트폰 과의존의 이해, 실태, 예방, 탈출법 등의 예방교육을 지원한다. ＊ 스마트폰으로 우측의 QR코드를 촬영하면 해당 페이지로 연결됩니다.

디지털 기기 사용 약속표 만들기

　디지털 기기 사용에 대한 생각은 가정마다 그리고 가족 안에서도 개인마다 다를 수 있습니다. 온 가족이 함께 디지털 기기 사용에 대한 의견을 나누고 약속을 정해보는 것은 어떨까요? 아이도 나름대로의 이유가 있고 부모도 그 이유가 있을 것입니다. 걱정스러운 점이나 불만스러운 점을 서로 비난하거나 비판하지 않고 들어보고 같이 원칙을 적어보면 좋을 것입니다.

　다음 약속은 열 살 아이가 있는 가정에서 디지털 기기 사용 전반에 관해 이야기를 나누고 만든 약속표의 예시입니다. 각 가정의 상황에 맞는 좀 더 구체적인 약속을 만들어도 좋겠습니다.

예시

〈어린이의 약속〉

① 기기 사용 중에 다른 사람이 부르면 바로 눈을 맞추고 대답하겠습니다.

② 기기 사용 시간을 합리적으로 결정하고 정해진 시간만큼만 사용하겠습니다.

③ 부모님이 걱정하는 것에 대해 귀를 기울이고 수용하려고 노력하겠습니다.

④ 디지털 기기 사용 중에 곤란한 일이 생기면 바로 부모님이나 어른과 의논하겠습니다.

⑤ 디지털 기기 사용 시간을 항상 생각하면서 다른 활동도 균형 있게 하려고 노력하겠습니다.

〈부모의 약속〉

① 기기 사용 중에 아이가 부르면 바로 눈을 맞추고 대답하겠습니다.

② 디지털 기기 사용을 덮어놓고 비난하지 않겠습니다.

③ 아이의 기기 사용 시간을 합리적으로 결정하고 약속한 시간만큼은 꼭 사용할 수 있도록 하겠습니다.

④ 아이가 관심 있는 온라인 콘텐츠에 함께 관심을 가지려고 노력하겠습니다.

⑤ 아이가 실수하더라도 거기서 배울 수 있다는 점을 기억하겠습니다.

자율성 증진을 위한 디지털 기기 습관 체크리스트

어른이든 아이든 눈에 수치가 보이면 더 확실하게 자신에 대해 이해하기 쉬워집니다. 디지털 기기 사용에 대해 스스로 체크해 본다면 지나치게 많이 사용한다거나, 적절하게 사용하고 있다고 생각해 볼 수 있을 것입니다. 이번 기회에 아이만 혼자 하기보다는 부모도 자신의 디지털 기기 사용 습관을 점검해 보는 것이 어떨까요?

 예시

〈나의 디지털 기기 습관 체크리스트〉

스마트폰			태블릿			노트북		
분류	콘텐츠	시간	분류	콘텐츠	시간	분류	콘텐츠	시간
□친교 □취미 □학습 □기타	카톡	40분	□친교 □취미 □학습 □기타	유튜브	30분	□친교 □취미 □학습 □기타	줌, e학습터	2시간
	친구랑 대화			요가 스트레칭			학교 수업	
□친교 □취미 □학습 □기타	SNS	30분	□친교 □취미 □학습 □기타	웹툰	30분	□친교 □취미 □학습 □기타	줌	1시간 30 분
	옷 구경			세미와 매직큐브			학원 영어 수업	
□친교 □취미 □학습 □기타	QR 강의	10분?	□친교 □취미 □학습 □기타			□친교 □취미 □학습 □기타		
	수학 문제집 풀이							

디지털 기기 없이 혹은 디지털 기기를 가지고 함께 놀기

디지털 기기에 빠져 있는 아이의 경우, 사실 디지털 기기 말고 할 것이 없어서인 경우도 많습니다. 요즘처럼 친구도 만나기 어렵고 스트레스가 많은 시기에 아이가 심심함을 달래는 도구로 디지털 기기를 사용하고 있는 것은 아닌지 살펴보고 과감하게 온 식구가 기기를 사용하지 않는 일정 시간을 정하는 것이 좋습니다(예를 들면 밤 10시 이후에 와이파이 끄기/ 스마트폰 한 곳에 모아두기). 또한 하루나 며칠에 한 번 일정 시간은 디지털 기기를 보지 않고 온 식구가 모여 보드게임을 하거나 요리를 하는 등 함께 하는 시간을 규칙적으로 확보하는 것으로 충분히 디지털 기기 없이 즐거운 경험을 쌓을 수 있습니다.

그 시간과는 별도로 디지털 기기로 함께 놀아보는 시간을 갖는 것도 좋습니다. 학습이나 심심함을 대체하는 수단만이 아닌 좀 더 긍정적인 상호작용의 도구로 사용하는 것입니다. 예를 들면 아이가 하는 게임이 뭔지 물어보고 캐릭터에 관심을 가진다거나 부모가 잘 모르는 부분에 대해 아이에게 설명을 듣는다면 의외로 아이들은 친절하게 부모의 궁금증을 해결해주면서 뭔가 알려주는 즐거움까지 누릴 수 있을 것입니다.

04

갈수록 책을 잘 읽으려고 하지 않아요

독서 습관

초등학교 2학년인 선우는 코로나로 학교에 못 가는 동안 하루에 한 권씩 책을 읽기로 엄마와 약속했습니다. 일찌감치 한글을 뗐던 선우는 어릴 적부터 책을 많이 읽는 아이였습니다. 하지만 요즘은 자꾸 이런저런 핑계를 대며 책 읽기를 싫어합니다. 자기가 좋아하는 책은 후다닥 읽어버리지만 그건 거의 만화책 종류입니다. 엄마가 골라준 인물 책이나 사회과학 책은 들여다보려고 하지도 않습니다. 엄마는 선우를 데리고 도서관에 가보기도 했지만 아이가 고르는 책은 영 마음에 들지 않습니다. 게다가 선우는 책상에 앉아 바른 자세로 책을 읽지 않고 늘 소파에 엎드리거나 침대에 기댄 채 읽으려고 합니다. 엄마는 이런저런 말과 달콤한 보상을 약속하며 선우를 달래보았지만 아이는 책 읽는 것을 점점 싫어하는 것처럼 보입니다. 엄마는 고학년 때는 학업으로 바쁠 테니 미리 책을 많이 읽어두었으면 하는 생각과 어릴 때부터 독서 습관을 잡아야 한다는 조바심으로 하루하루 마음이 불편합니다.

책은 재미없다. 엄마가 주는 책은 더 재미없다. 내가 좋아하는 책은 엄마가 싫어한다. 옛날엔 책을 읽으면 엄마가 기뻐하기도 하고, 내가 책을 잘 읽을 수 있다는 사실이 너무 좋아서 많이 읽었지만 이젠 좀 싫증이 난다. 학교도 못 가고 집에서 심심한데 내가 놀아달라고 하면 엄마는 일단 책을 한 권 읽어야 놀아준다고 한다. 그것도 엄청 글씨도 작고 두꺼운 책이다. 차라리 엄마랑 노는 걸 포기하는 게 낫다. 하지만 이제 엄마는 유튜브 보는 시간도, 게임하는 시간도 책을 읽고 독서록까지 써야만 허락해준다. 책을 읽는 것까지는 어떻게든 할 수 있는데 독서록을 쓰는 건 너무 힘들다. 뭐라고 써야 하는지도 모르겠고 엄마는 무조건 다섯 줄 이상 쓰라는데 글씨 쓰는 건 너무 팔도 아프고 싫다.

선우가 막 한글을 뗐을 때는 정말 책을 많이 읽었다. 선우가 한창 책을 많이 읽던 일곱 살에는 하루에 스무 권 넘게 읽은 적도 있다. 나는 너무 뿌듯했고 계속 이렇게 책만 많이 읽어도 아이가 똑똑하게 자랄 거라고 의심치 않았다. 그런데 아이가 학교에 들어가더니 점점 책을 멀리했다. 자꾸 만화책만 읽으려 하고 내가 골라준 책들은 억지로 읽는 건지 마는 건지 알 수가 없었다. 나는 아이가 코로나로 학교에 못 가는 동안 읽히기 위해 다양한 종류의 책을 잔뜩 샀고 아이가 마르고 닳도록 읽으리라고 기대했다. 다른 아이들처럼 특별히 공부를 강요하는 것도 아니고 영어 책도 아닌 그저 한글로 된 책만 읽으라고 하는 건데 그걸 요리조리 빠져 나가고 게으름을 피우는 아이에게 너무 화가 난다. 학교에도 못 가고 집에 있는 기간 동안 책이라도 충분히 읽어 둬야 할 텐데. 요즘 다른 집 애들이 책 많이 안 읽는다고 할 땐 남의 일인 줄 알았는데 이러다 우리 선우도 영영 책을 안 좋아하는 아이로 자라는 건 아닐까?

조건부 책 읽기, 괜찮을까요?

많은 부모님들이 아이에게 책을 읽히기 위해 "책 한 권 읽으면 게임 시간을 줄게"라거나 "책을 이만큼 읽어야 게임을 할 수 있어"라고 조건부로 독서를 시킵니다. 하지만 독서는 '조건부'로 이루어지기는 어렵습니다. 지금 이 책 한 권을 읽는 것이 목적인지 아니면 아이가 책을 좋아하는 아이로 성장하면 좋겠는지 생각해 본다면 대부분 후자일 것입니다. 아이들의 교육에 있어 적절한 훈육이나 강화는 필요합니다. 하지만 조건에 의해서만 움직이게 되면 스스로 자율성을 가지는 일은 어려워집니다. 부모님은 억지로라도 하고 나면 책 읽는 습관이 들 거라고 생각할 수 있지만 부모가 책을 무기로 쓴다는 걸 아는 순간 아이는 책이 더 싫어질 수도 있습니다. 책이라는 것 자체가 즐거움을 주기보다는 뭔가 참고 억지로 해야 하는 존재로 기억되기 때문입니다. 게임을 하기 위해 억지로 책을 읽어야 하거나 부모를 위해 책을 읽는 것이 아니라 아이 스스로 책을 읽고 뿌듯해할 수 있는 강화 방법을 찾아보는 것이 좋을 것입니다. 예를 들면 읽은 책 제목을 쓴 종이를 벽에 붙여서 탑을 쌓듯이 점점 위로 한 칸씩 높이 쌓아볼 수도 있을 것입니다. 아이들은 아직 추상적으로 자신의 성취에 대해 개념화하기 어렵기 때문에 이렇게 결과에 대해 눈에 잘 보이도록 해주는 것이 효과적입니다.

책을 혼자 읽지 않고 자꾸 읽어달라고 하는데 어떡할까요?

어릴 때는 보통 아이들에게 그림책을 함께 읽어주지만 아이가 한글을 익히게 되면서 많은 부모님들이 아이 스스로 책을 읽는 것을 원합니다. 하지만 아이가 혼자 책을 읽을 수 있는 나이가 됐더라도 소리 내어 책을 읽어주는 활동은 여러 가지 장점이 있습니다. 먼저, '청각주의력 향상'에 도움이 됩니다. 앞서 말한 주의집중력에는 크게 청각적 주의집중력과 시각적 주의집중력이 있습니다. 아이들이 주로 책을 읽거나 학습을 할 때는 교과서를 읽거나 '보는' 것 위주로 하게 됩니다. 하지만 그에 못지않게 선생님의 말씀을 주의 깊게 듣거나 다른 사람의 이야기를 듣는 능력 또한 중요합니다. 꾸준하게 책을 '듣는' 활동을 한 아이는 청각주의력이 높다는 연구가 있습니다. 그리고 그것은 아이가 10대가 되어도 유효하다고 합니다. 또한 부모가 소리 내어 책을 읽어주는 것은 아이에게 부모 목소리를 통해 '안정감'을 전하고, 부모의 무릎이나 가까운 곳에서 부모에게 느끼는 '유대감'과 관련이 있습니다. 이러한 장점들을 생각해 보며 부모가 책을 읽어주는 시간과 스스로 읽는 시간의 비율을 조정해 나가면 어떨까요? 때로는 부모와 아이가 책을 한 페이지씩 번갈아 읽거나 한 줄씩 번갈아 읽는 방법도 있을 것입니다. 결국 아이가 언젠가는 혼자 책을 읽겠지만 오랜 시간 부모와 교감하며 함께 읽은 좋은 느낌은 책에 대한 좋은 기억으로 자리 잡아 독서를 즐겁고 긍정적인 정서로 느끼게 만들 것입니다. 물론 모든 책을 부모가 다 읽어줄 수는 없습니다. 아이와 미리 정한 시간이나 분량만큼 읽어주는 것을 약속하고 그대로 실천하는 것 또한 아이에게는 약속과 규칙에 대한 연습이 될 것입니다.

왜 자꾸 재미있는 이야기를 해달라는 걸까요?

아이들은 책에서 읽는 이야기뿐 아니라 스토리가 있는 모든 이야기를 좋아합니다. 때로는 부모의 어릴 적 이야기나 학교 다닐 때 있었던 일을 들으며 너무 재미있어하기도 합니다. 기본적으로 '이야기' 자체는 어린이들의 정서적, 인지적 발달을 촉진시킵니다. 또한 아이들의 호기심을 불러일으키고 즐거움을 주며 다양한 정서적인 경험을 하게 해줍니다. 그리고 이야기의 흐름을 따라가는 일은 아이의 기억력이나 논리력, 추론력 또한 발달시킵니다. 아이들은 이야기를 듣는 것도 좋아하지만 놀이에서 이야기를 만들어 나가는 것 또한 좋아하는데 특히 자신과 관련되어 있는 이야기를 발전시킵니다. 예를 들면 자주 혼나는 아이의 경우, 경찰과 도둑 이야기를 만들고 자신이 경찰 역할을 하면서 도둑을 실컷 혼내주는 놀이를 통해 자신의 감정을 해소할 수 있습니다. 자주 아프고 병원을 무서워하는 아이는 병원놀이를 하면서 이야기를 만들어 자신의 공포와 불안을 낮추기도 합니다. 또한 수줍음이 많은 아이는 놀이를 통해 친구에게 말을 걸고 놀면서 실제 생활에서의 수줍음을 극복해 나가는 연습을 하기도 합니다. 이러한 것들은 대체로 자기도 모르게 자연스럽게 일어나는 일들입니다. 아이들에게 책이나 부모의 스토리텔링 그리고 놀이를 통해 충분한 이야기를 들려주고 또 만들어 나가게 하는 것은 아이의 발달에서 꼭 필요한 일입니다.

만화책이나 웹툰을 보게 두어도 될까요?

지금 부모들의 어린 시절에는 책 이외의 콘텐츠가 제한적이었습니다. 때문에 책에서 즐거움이나 의미를 찾는 일도 더 많을 수밖에 없었지요. 하지만 지금은 다양한 콘텐츠가 넘쳐나는 세상입니다. 읽는 것만 해도 종이책뿐 아니라 전자책, 웹툰, 웹소설 등이 있고 오디오북이나 웹드라마까지… 다양한 읽을거리와 볼거리가 너무나 많습니다. 이런 디지털 기기의 발달 덕에 사실 그 어느 시대보다 지금 사람들이 '많이 읽는다'고 합니다. 만화도 마찬가지로 이미지와 이야기가 합쳐진 새로운 방식의 콘텐츠로 생각해볼 수 있을 것입니다. 그러므로 '독서 경험'이라는 것을 글이 많은 종이책으로 한정짓는 것이 아니라 지금 아이가 접하고 있는 다양한 콘텐츠로 범위를 확장시킬 수도 있을 것입니다. 물론 어린이의 책 읽기는 글이 많은 책과 만화책, 웹툰이나 웹소설 등 어느 한 분야로만 치우치지 않고 다양한 내용과 형식을 많이 경험하도록 하는 것도 필요한 일입니다. 이런 경우에는 부모가 아이가 관심 있어 하는 것을 살펴보고 다양한 콘텐츠로 아이의 관심사를 확장시켜 줄 수도 있을 것입니다. 예를 들어 비행기를 좋아하는 아이라면 비행기와 관련된 그림책, 동화책, 정보책, 인물책, 만화책, 웹툰, 유튜브 등 동일 주제에 대한 다양한 콘텐츠를 아이와 함께 찾아보고 차례로 읽어보는 것과 같은 방식으로 아이의 관심사를 공유해 보세요. 아이는 자연스레 한쪽으로 치우치지 않고 다양한 콘텐츠에 흥미를 느끼게 될 것입니다.

☑ 한우리 추천도서 https://hanuribook.com/book/category

한우리 독서토론논술에서 학년별, 주제별, 교과별 등 다양하게 북큐레이
팅을 제공하고 있다.

☑ 책씨앗 추천도서 http://bookseed.kr/

도서관, 교육기관, 출판사 등 독서 활동가들이 교류하는 독서 문화 플랫폼
으로 다양한 연령대와 주제를 가지고 북큐레이팅을 제공하고 있다.

☑ 아침독서 추천도서 http://www.morningreading.org/

사단법인 행복한 아침독서에서 매년 초등학생 및 교사, 학부모를 위한 추
천도서를 선정하고 있다.

☑ 올해의 청소년도서 http://yb.kpa21.or.kr/

대한출판문화협회에서는 청소년을 위한 추천도서를 상, 하반기로 연 2회
선정하고 있다.

☑ 책따세 방학 추천도서 https://www.readread.or.kr/

'책으로 따뜻한 세상 만드는 교사들'은 독서교육을 고민해온 교사들이 모
인 비영리 사단법인으로 여름, 겨울방학 시기 연 2회 추천도서를 발표한다.

☑ 한국어린이출판협의회 추천도서 http://www.instagram.com/kcpc2018

일명 '어출협 추천도서'로 알려져 있으며 매달 '이달의 어린이 책'을 발표
하고 있다.

☑ 어린이도서연구회 추천도서 http://www.childbook.org/new3/index.html

사단법인 어린이도서연구회에서는 매년 어린이 추천도서를 선정해 발간
하고 있다.

독서 교육에 앞서 부모가 기억할 것

· 아이가 독서를 하는 궁극적인 이유와 목표를 생각해봐야 합니다.

· 아이가 책 읽기를 벌칙으로 여기지 않게 해야 합니다.

· 책을 통한 부모와의 긍정적 상호작용을 늘려나가야 합니다.

· 부모 스스로 독서를 얼마나 하고 있는지 돌아봐야 합니다.

· 종이책뿐 아니라 다양한 콘텐츠를 수용하는 능력 또한 필요합니다.

· 아이가 좋아하는 책을 존중해 주어야 합니다.

부모와 아이가 번갈아 책 읽기

아이와 함께 간단한 그림책부터 시작해 순서를 번갈아 읽어보는 활동은 책을 한 권 같이 읽는다는 것보다 더 많은 의미가 있습니다. 어린 아이가 순서대로 무엇인가 한다는 것은 상대방의 순서를 기다리는 연습을 하는 것입니다. 스스로 읽어내는 것 동시에 다른 사람의 이야기에 귀를 기울이는 연습도 됩니다. 어린 연령이라면 짧은 내용으로 한두 줄씩, 좀 더 연령이 높은 아동이라면 한 페이지씩 읽어봐도 좋겠습니다. 내용이 너무 길 경우에는 하루에 한두 페이지를 정해두고 책 한 권을 며칠에 걸쳐 읽을 수도 있습니다. 읽는 시간이나 페이지를 미리 약속해 둔다면 아이가 규칙을 익히고 지켜나가는 연습 또한 될 것입니다.

부모와 아이가 함께 이야기 만들기 놀이

부모와 아이가 이야기를 공유하는 놀이를 해볼 수 있습니다. 처음엔 엄마가 한 줄("옛날 옛날에 OO이라는 아이가 살았어요"), 아이가 한 줄("OO이는 날마다 친구들과 놀았어요") 그 다음엔 아빠가 한 줄("OO이와 친구들은 아침부터 밤까지 놀고 또 놀았어요") 이런 방식으로 즉흥적으로 열 줄짜리 이야기를 만들어 보는 것입니다. 그 과정이나 결과는 녹음을 해봐도 좋고 종이에 써봐도 좋습니다. 논리적이거나 형식적으로 완결된 이야기가 나오지는 않겠지만 내용이 뒤죽박죽이더라도 아이는 부모와 함께 만든 이야기가 소중해 반복해서 또 읽고 자주 들을 것입니다. 이러한 이야기 만들기 놀이를 반복적으로 하다보면 부모와 상호작용의 즐거움과 함께 아이의 창의성이나 논리적인 능력 또한 발달하게 됩니다.

참고 자료

김현수, 《코로나로 아이들이 잃은 것들》, 덴스토리, 2020
송명자, 《발달 심리학》, 학지사, 2008
성현란 등저, 《인지발달》, 학지사, 2001
알다 T. 울스, 《아이와 싸우지 않는 디지털 습관 적기 교육》, 김고명 옮김, 코리아닷컴, 2016
존 카우치, 제이슨 타운, 《교실이 없는 시대가 온다》, 김영선 옮김, 어크로스, 2020
짐 트렐리즈, 신디 조지스, 《하루 15분, 책읽어주기의 힘》, 이문영 옮김, 북라인, 2020

미국 소아과협회 https://www.aap.org
미국 심리학회 https://www.apa.org

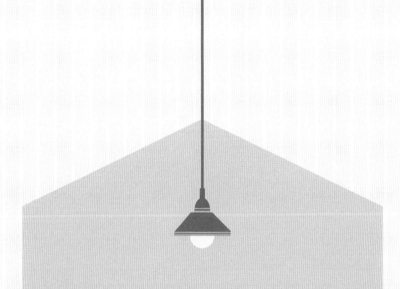

Part 3

코로나와
심리 불안 문제

01

> ## 코로나에 걸릴까봐 항상 불안해해요
>
> 정서 불안

초등학교 4학년인 지수는 요즘 항상 불안해하고 갈수록 걱정이 늘어납니다. 아침마다 TV에서는 코로나 확진자가 수백 명씩 발생하고, 사망자도 계속 늘고 있다는 뉴스가 나옵니다. 지수는 그때마다 기분이 나빠져 보지 않으려고 하지만, 어른들도 확진자나 사회적 거리두기, 백신 같은 이야기를 자주 해 코로나 생각에서 벗어나기가 쉽지 않습니다. 친구들은 "○○학교에 코로나 걸린 아이가 생겨서 아이들이 모두 집으로 돌아갔대"라며 새로운 소식을 알려줍니다. 한 친구는 코로나 걸린 아이가 지수네 집 앞 편의점에 다녀갔다면서, 그 편의점에 가면 코로나에 걸릴 거라고 합니다. 어제 그 편의점에 다녀왔던 지수는 정말 코로나에 걸리는 건 아닌지 갑자기 무서워집니다. 엄마는 친구가 잘못 안 것이라며 걱정하지 말라고 하지만 매일 새롭게 코로나에 걸리는 사람들이 저렇게 많으니 곧 자신도 걸리는 건 아닌지 너무 불안합니다. 코로나에 걸리면 열이 난다고 해 지수는 자꾸 체온을 재서 확인하고 싶어 합니다. 잘 놀거나 책을 읽다가도 갑자기 열을 재달라고 엄마에게 달려옵니다. 처음에는 그때마다 체온을 재주고 괜찮다며 안심시켜봤지만, 지수는 갈수록 목도 아픈 것 같고, 기침도 나올 것 같다고 합니다. 온라인 수업을 위해 책상에 앉아서도 코로나 걱정에 수업 내용이 하나도 머리에 들어오지 않습니다.

나는 왜 이렇게 코로나 생각이 머리에서 떠나지 않는지 모르겠다. 자꾸 코로나에 대한 기사를 인터넷에서 찾아보고 싶고 왜 병에 걸리는지, 병에 걸리면 어떻게 되는지 궁금하다. 엄마는 내 질문에 '그런 건 아이들이 몰라도 된다' '그런 나쁜 일은 일어나지 않는다'고 하지만 하나도 안심이 안 된다. 아빠가 밖에서 돌아오면 코로나 바이러스가 아빠와 함께 집에 들어왔을 것 같아서 너무 불안하다. 내가 할 수 있는 것은 손을 열심히 씻고 최대한 아빠가 만진 것을 만지지 않는 것뿐이다. 얼마 전 친구한테서 코로나 걸린 아이가 집 앞 편의점에 왔었다는 말을 들었을 때는 너무 놀라고 무서워서 밤에 잠도 못 자고 내가 코로나에 걸려 죽는 생각만 들었다. 엄마는 친구가 그런 뉴스를 어디서 들었는지 물어보는데 왜 그런 질문만 하는지 모르겠다. 엄마는 내가 코로나에 걸려 죽어도 괜찮은 걸까? 몸에서 자꾸 열이 나는 것 같은데 엄마는 걱정도 안 하고 열을 재달라고 하면 괜찮다고 호통만 친다. 도대체 엄마는 왜 자꾸 괜찮다고만 하고 내 얘기는 듣지도 않는 걸까? 매일매일 겁이 나고 이러다가 난 평생 집 안에만 갇혀 살게 될 것 같다. 코로나에 걸려 죽는 것보다는 그게 나은 걸까?

우리 아이는 유난히 코로나 관련 뉴스에 관심이 많은 것 같다. 어른들이 하는 이야기도 유심히 들으면서 질문도 자주 한다. 처음에는 뉴스도 열심히 보고 다른 나라에서 일어난 일에도 관심을 갖는 아이가 다 컸다고 생각해 마냥 대견했다. 그런데 점점 아이의 행동이 이상하다는 생각이 든다. 퇴근하고 돌아온 아빠에게 코로나 바이러스가 묻어 있다고 소리 지르며 가까이 오지 말라고 하고, 집에서도 방문 손잡이나 전등 스위치를 만지지 않으려고 하거나 손을 너무 자주 씻는다. 집 안에는 바이러스가 없으니 괜찮다고 아무리 말해도 내 말을 믿지 못하는지 내 눈치를 보면서 손을 씻으러 화장실에 간다. 그런 모습을 보면 안쓰럽기도 하면서도 왜 엄마 말에 안심하지 못하는지 답답하다. 코로나에 걸린 아이가 집 앞 편의점에 다녀갔다는 헛소문을 철석같이 믿으면서, 자기도 코로나에 걸릴까 봐 엄청나게 불안해하고 있다. 코로나에 걸리면 열이 나는데 너는 열이 없으니 괜찮다고 말했더니 한 시간 사이에 몇 번씩 열을 재달라며 체온계를 들고 온다. 심지어는 온라인 수업을 듣는 도중에도 열을 재달라고 하는데 너무 기가 막히다. 안심을 시켜주려고 코로나에 대해 설명해주면 또 다른 이야기를 하면서 불안해하니 무슨 말을 꺼내기도 겁이 난다. 도대체 왜 내 말은 믿지 못하고 코로나 걱정이 점점 심해지는 걸까? 혹시 아이에게 심각한 심리적 문제가 생긴 건 아닐까?

아이가 코로나에 대해 끊임없이 걱정하는데 어떻게 안심시켜야 할까요?

처음 코로나19가 세상에 등장했을 때를 한번 떠올려볼까요? 당시에는 새롭게 나타난 질병의 이름도 제대로 정하지 못했고, 어떻게 병에 걸리는지, 병에 걸리면 어떤 증상을 보이는지, 얼마나 심각한 병인지 그 누구도 알지 못했습니다. 우리의 삶과 죽음을 결정지을 수 있는, 우리의 모든 일상을 바꿔놓을 이 질병이 전 세계로 퍼져나가는 동안, 이 질병에 대해 제대로 아는 것이 없다는 사실이 무엇보다 두려웠습니다. 아이들도 어른들과 마찬가지로 코로나에 관해 궁금한 것이 많고, 모르는 것이 많을수록 걱정과 불안은 커집니다. 게다가 아이들은 터무니없거나 엉뚱한 이야기들을 서로 주고받는 경우가 많은데, 이때 잘못된 내용인지 판단하지 못하다 보니 두려움은 더욱 커질 수밖에 없습니다.

짧지 않은 시간이 흘러 과학적 연구와 객관적 증거가 축적되면서 코로나에 대해 많은 것이 밝혀졌습니다. 그리고 우리는 코로나에 대한 정확한 지식과 정보를 바탕으로 질병으로부터 우리 자신과 일상을 보호할 수 있게 되었습니다. 아이들에게도 질병에 대한 막연한 두려움에서 벗어날 수 있도록 코로나에 대한 정확한 사실들을 알려주는 것이 중요합니다. 이때는 아이들이 쉽게 이해할 수 있도록 나이에 맞게 내용을 설명하되, 너무 심각하고 무섭게 받아들이지 않도록 그림이나 영상을 사용하는 것이 좋습니다. 또한 어른이 일방적으로 설명하기보다는 아이가 평소 코로나에 대해 궁금하거나 걱정되는 것이 무엇인지 먼저 물어보고 어디서 이야기를 들었는지, 아이가 짐작하고 있는 내용은 무엇인지도 알아보는 게 좋습니다. 아이들은 미디어나 학교, 친구들을 통해 코로나에 대해 많은 정보를 듣고 있지만 정확히 이해하지 못하는 경우가 많습니다. 심지어는 상상력을 동원해 엉뚱한 생각을 만들어내기도 합니다. 그런 과정에서 아이는 자신이 코로나에 대해 잘 알고 있다고 착각하고 있을지도 모릅니다. 그래서 코로나에 대해 아이가 어떤 생각을 하고 있는지 먼저 확인하고, 아이의 눈높이에서 설명을 시작하는 것이 중요합니다. 코로나에 대한 이야기를 할 때는 다음의 내용이 충분히 전달되도록 해주는 게 좋습니다.

- 코로나바이러스는 어떤 방법으로 사람의 몸속에 들어갈 수 있을까?
- 코로나에 전염되기 쉬운 장소나 상황은 무엇일까?
- 마스크 쓰기와 손 씻기는 코로나 예방에 왜 중요할까?
- 코로나에 걸리면 어떤 증상이 나타날까?
- 코로나에 걸리면 어디에서 어떻게 치료를 받는 걸까?
- 코로나에 걸리면 친구들이 모두 나를 싫어하게 되는 것은 아닐까?

코로나에 대해 아이들이 이해하기 쉽도록 설명한 책이나 인터넷 자료를 활용하면 도움이 됩니다.

참고 자료

〈내 영웅은 너야〉
한국심리학회에서 제작한 코로나19 예방 어린이 동화 영상

〈우리는 다 같이 지킬 수 있어요〉
한국심리학회에서 제작한 코로나19 예방 영상

〈감염병 재난 극복을 위한 영유아 심리방역 매뉴얼〉
육아정책연구소에서 제공하는 육아 지침 자료

코로나 때문에 밖에 나가는 걸 무서워하는데 어떻게 할까요?

코로나에 감염되는 걸 막기 위해 어른들은 집에서 재택근무를 하고, 아이들도 학교에 가지 못하고 온라인 수업으로 대체하는 상황이 길어지고 있습니다. 뉴스에서는 외부 활동을 하거나 사람들과 접촉하면 코로나에 걸릴 수 있으니 가능하면 집에 있으라고만 합니다. 이런 이야

기를 일 년 내내 들어온 아이들은 자신도 모르게 집 밖은 위험한 곳이라는 느낌을 가질 수도 있습니다. 특히 기질이 예민해 환경 변화에 민감하고, 쉽게 놀라거나 두려워하는 아이들은 코로나로 인해 달라진 일상에서 유난히 긴장하고 불안해하면서 지내고 있을 것입니다. 이런 아이들은 밖에 나가면 코로나에 대한 두려움으로 심장이 빨리 뛰고 호흡이 가빠져 마스크를 쓰고 숨 쉬는 자체가 힘들게 느껴질 수도 있습니다. 불안과 공포는 자연스럽게 회피하는 행동을 일으킵니다. 집 밖은 위험하다는 생각에 집에서 나가기 싫어지고, 억지로 학교에 가서도 불안한 마음에 수업에 집중하지 못합니다.

이렇게 코로나에 대한 걱정으로 몸과 마음 모두 긴장하고 있는 아이에게 부모님이 "왜 그렇게 무서워하는 거야?"라거나 "코로나에 쉽게 걸리지 않으니 괜찮아!"라는 식으로 아이의 감정을 수용하지 않고 막연하게 설명하는 것은 불안감을 줄이는 데 거의 효과가 없습니다. 아이가 느끼는 공포를 지나치거나 비합리적이라고 볼 수도 있지만 정작 아이에게는 너무나 현실적으로 다가오는 공포이기 때문입니다.

부모님이 가장 먼저 해야 할 일은 아이의 불안과 두려움을 공감해주는 것입니다. 실제 상황에 비해 아이의 걱정이 너무 심해 보인다고 해서 아이의 감정을 공감하는 것을 주저할 필요는 없습니다. 자신의 부정적인 감정을 수용해주고 인정하는 부모님을 보면서 아이는 자신이 잘못되었거나 큰일이 난 것이 아니라 코로나 때문에 힘들어하고 있다는 사실을 이해할 수 있게 됩니다. 자신의 상태를 이해하면 아이는 두려움을 회피하려고 안간힘을 쓰는 대신 두려운 상황에 대처하는 방법을 배우려고 노력할 수 있습니다. 부모님이 아이의 감정을 공감하고 있다는 마음을 보여주기 위해서는 아이에게 위로의 말을 해주는 것만으로는 충분하지 않습니다. 부모가 자신의 마음을 진심으로 알아주고, 인정해준다고 느끼도록 아이의 말을 있는 그대로 잘 들어주고 대화하는 태도가 중요합니다.

아이가 불안감이 심할 때 나타나는 행동은 무엇인가요?

아이들은 강렬한 감정을 경험하거나 스트레스를 받을 때 자신의 정서 상태에 대해 이해하기 어렵습니다. 아이들은 '어떤 일이 일어날까 봐 두려워하고 있다'거나 '지금 불안해하고 있다'는 식으로 자신의 마음을 이해하고 부모님에게 말로 전달하는 데도 한계가 있습니다. 대신 혼란스럽고 불안한 정서 상태는 다양한 행동으로 나타나게 됩니다. 아이의 얼굴 표정이나 몸짓에서 나타나는 사인 또는 행동을 세심하게 관찰하면 아이의 정서 상태의 변화를 알아차릴 수 있습니다. 아이가 아래 목록에 있는 모습을 보인다면 불안감을 많이 느끼고 있을 가능성이 큰 만큼 더 심해지기 전에 적극적으로 도움을 주는 게 좋습니다.

· 사소한 일에도 칭얼거리고 짜증과 신경질을 많이 낸다.
· 즐겁게 지내다가도 갑자기 침울해지는 등 감정의 기복이 크다.

- 너무 예민해져 음식을 먹고, 옷을 입고, 잠을 자는 데 까다롭게 군다.
- 가만히 앉아 있지 못하고 안절부절 못한 채 돌아다닌다.
- 한 가지 일에 주의를 기울이지 못하고 쉽게 주의가 분산된다.
- 몸이 뻣뻣하게 굳고 근육이 긴장되어 보인다.
- 심장박동이 빨라지고 숨이 가빠진다.
- 잠들기 어렵거나, 잠이 들어도 깊게 숙면하지 못하고 자주 깬다.

아이들이 일상에서 심하게 불안해하거나 두려워하며 회피하는 행동이 늘어나고, 위의 목록에 있는 모습이 자주 나타나거나 심해진다면 전문가의 치료가 필요합니다. 아동청소년을 위한 정신건강 전문가를 만나 심리평가와 치료 및 상담을 통해 극심한 불안으로 인한 일상의 어려움을 줄이고 건강한 자아가 발달하도록 도움 받을 수 있습니다. 온라인으로 아이들이 직접 도움을 받을 수 있는 방법도 있습니다. 학생정신건강지원센터(smhrc.kr)나 청소년모바일상담센터 '다들어줄개(teentalk.or.kr)'의 앱, 문자, 카카오톡, 페이스북을 이용할 수 있습니다.

학생정신건강지원센터 　　청소년모바일상담센터
'다들어줄개'

'코로나19'에 대한 정확한 정보 알려주기

인포데믹(infodemic), 즉 정보전염병이란 정보(information)와 전염병(epidemic)의 합성어로 전염병에 대한 잘못된 정보가 빠르게 퍼져나가는 현상을 말합니다. 코로나19는 다른 전염병과 달리 인포데믹이 엄청나게 일어나고 있고, WHO에서는 팬데믹 자체만큼이나 위험한 수위라며 경고했습니다. 잘못된 정보에 따라 잘못된 치료제를 사용하거나, 과학적으로 밝혀진 방역 수칙이나 치료법을 따르지 않는다면 심각한 피해가 일어날 수 있기 때문입니다. 우리나라에서 이루어진 연구에 따르면 아래와 같은 내용의 가짜 뉴스가 세계적으로 퍼져나갔다고 합니다.

· 알코올 음료 섭취로 바이러스를 죽일 수 있다.
· 헤어드라이어로 열을 가하면 바이러스가 죽는다.
· 마늘, 참기름을 섭취하거나 코에 바르면 예방할 수 있다.
· 소금물 가글로 예방할 수 있다.
· 담배 열기로 바이러스를 죽일 수 있다.
· 10초 간 숨 참기로 자가진단할 수 있다.

출처_기초과학연구원 〈코로나19 과학 리포트 Vol.7〉

잘못된 정보는 불안을 키웁니다. 잘못된 통계, 가짜 뉴스, 음모론을 접하면 우리 마음속의 불안은 쉽게 커집니다. 하지만 잘못된 정보가 두려워 코로나에 대한 뉴스나 기사를 피하고 지낼 수만은 없습니다.

코로나에 대한 불안을 극복하기 위한 첫걸음은 공식적이고 믿을만한 출처를 통해 새로운 정보를 업데이트하는 것입니다. 정확한 정보를 아이들과 이야기하면, 아이들이 접하게 될 잘못된 정보를 줄일 수 있습니다. 믿을 수 있는 뉴스를 선택하는 방법을 아이들에게 가르쳐주세요. 질병관리청, 보건복지부, 교육부와 같은 공식기관의 인터넷 사이트나 그러한 기관에서 발표된 뉴스를 확인하도록 도와주세요. 아이들이 코로나에 관해 인터넷에서 무엇을 보고 있는지, 무조건 믿고 있는 것은 없는지 계속 지켜보아야 합니다. 아이들에게 코로나에 대해 들은 것을 무조건 다 믿지는 말라고 알려주고, 자신이 들은 내용을 다른 사람들에게 전달하기 전에 우선 믿을 수 있는 내용인지 부모님과 이야기해 보자고 말해주십시오.

우리는 언젠가부터 코로나에 대한 정보를 알아보기 위해 TV와 인터넷을 끊임없이 찾아보는 데 익숙해져 있습니다. 하지만 때로 지나치게 많은 정보 때문에 더욱 불안해지기도 합니다. 어른들이 하루 종일 틀어놓은 뉴스를 들으며 아이들은 잘 이해되지 않고 반복적으로 나오는 무서운 말들로 인해 공포감을 느낄 수 있습니다. TV와 인터넷 뉴스에서 완전히 벗어나 가족들이 함께 혹은 각자 좋아하는 활동에 집중하며 즐거움을 느끼는 시간을 만들어 보세요. 활동에 몰두하며 기쁨을 느끼는 시간이 많아질수록 잘못된 정보를 접할 기회는 줄어듭니다.

아이의 속상한 마음 공감하기

부모님은 공감을 통해 아이들을 강력하게 지원하고 지탱해줄 수 있습니다. 공감이란 타인의 경험과 마음 상태를 인정하고, 이를 상대방에게 알려주는 것입니다. 지금 같은 팬데믹 상황에서 아이들은 어른, 특히 부모의 격려와 응원을 간절히 필요로 합니다. 아이들은 코로나 문제뿐만 아니라 친구들과 계속 친하게 지낼 수 있을지, 학교에 다닐 수 있을지, 하고 싶은 일들을 할 수 있을지 걱정이 많습니다. 물론 이런 모든 걱정들을 다 해결해 줄 수는 없지만, 아이의 힘든 감정을 부모님도 느끼며 이해하고 있다는 마음을 전할 수는 있습니다.

☑ 아이들의 마음을 안심시켜주세요

아이들은 지금 즐겁고 행복한 기분이 들지 않는다고 자신에게 문제가 있는지 걱정하고 있을지도 모릅니다. "우리가 일상에서 이렇게 많은 변화를 겪고, 하고 싶은 일을 하지 못하는 지금 같은 상황에서 속상하고 화가 나는 것은 당연해"라고 말해주세요. 지금은 아이들의 감정을 돌봐주는 것이 정말 중요한데 부모들은 일상에 떠밀려 이를 놓치기 쉽습니다. 부모가 아이가 겪는 모든 문제를 해결해 줄 수는 없지만, 공감을 통해 아이의 마음에 커다란 변화를 줄 수 있습니다.

☑ 아이의 감정을 인정하고 수용해주세요

부모님이 자신의 말에 귀 기울여 들어주고 감정을 인정해주는 순간, 아이는 조금 더 기분이 좋아지고 좌절감에서 차츰 벗어날 수 있습니다. 공감해주기 위해서는 우선 아이의 경험과 마음 상태에 대해 평가하지 말고 있는 그대로 받아주어야 합니다. 그리고 아이에게 그런 마음을 인정한다고 알려주세요. 특히 아이가 기대하고 있던 활동을 하지 못하게 되거나,

예전의 방식대로 계획을 실천할 수 없는 등 좌절과 포기를 경험하는 일이 생겼을 때가 바로 부모의 공감이 가장 필요한 순간입니다. 부모님은 '어차피 지금 할 수 없는 게 뻔하고 아이도 다 아는 건데 왜 이렇게 속상해 할까?'라는 생각이 들 수도 있습니다. 아이 역시 어쩔 수 없는 상황이라는 것을 알고 있지만 속상한 마음을 표현하며 스스로를 달래고 있다는 걸 기억해주세요. 이러한 아이의 행동에 대해 부모님이 '왜 할 수 없는지' 설명을 하거나, '속상해 할 시간에 다른 걸 하라'는 식으로 아이의 마음을 인정해주지 않으면 어떻게든 자신의 마음을 위로하며 평정을 찾으려는 아이의 노력을 수포로 만들 수 있습니다. 아이에게 "네가 그걸 하지 못하게 되어서 나도 정말 슬퍼. 네가 항상 좋아하고 기다리던 일이었는데 안타깝다. 요새는 그런 일만 자꾸 생기네. 정말 속상하다"라고 말해주세요. 그리고 아이가 얼마나 실망스럽고 화가 나는지, 무엇이 제일 기분이 나쁜지를 충분히 말하고 쏟아놓도록 시간을 주고 잘 들어주세요.

☑ 아이의 기분을 '고쳐주려고' 시도하지 마세요

아이는 이 모든 상황을 받아들이기 위해 자신의 방식으로 노력하고 있는 중입니다. 그런 아이에게 "그래도 그렇게 화낼 일은 아니잖아!"라든가 "그만큼 얘기했으니 이제 기분 좋아진 거지?"라며 아이의 기분을 바꾸려고 하지 마세요. 부모님에게 충분한 공감을 얻고 자신의 속상한 마음을 실컷 얘기하고 나면 아이는 부모님이 자신의 마음을 알아주어 기분이 풀릴 뿐만 아니라, 다음에 같은 문제가 생겼을 때 어떻게 하면 좋을지 문제를 해결하는 방법도 이미 생각하고 있을지도 모릅니다.

불안하고 두려운 감정에 대해 아이와 함께 이해해보기

　코로나 상황에서 아이들이 경험하는 불안감은 지금까지 아이들이 겪어본 일상적인 불안감과는 크게 다를 것입니다. 낯설고 쉽게 없어지지 않는 불안한 감정과 생각 때문에 아이들은 쉽게 흥분하거나 짜증을 내고 어쩔 줄 모르는 상태가 되기도 합니다. 불쑥불쑥 치밀어 오르는 불안과 두려움에 휘둘리느라 자신의 마음을 들여다보거나 이해하기 어렵습니다. 이런 상태에서 벗어나기 위해서는 감정에 압도되어 버리는 대신 자신의 감정을 들여다보고 이해하는 과정이 필요합니다.

　우선 불안과 두려움이란 어떤 감정인지, 왜 필요한지 아이와 이야기해보는 게 좋습니다. 두려움과 걱정은 아주 자연스럽고 정상적인 감정이며, 우리의 생존에 꼭 필요한 감정입니다. 우리가 불안한 감정을 느끼지 못한다면 높은 장소나 도로와 같이 위험한 장소에서도 다칠까봐 긴장하지 않을 것입니다. 당연히 조심하지 않고 행동하다가 추락하거나 차와 충돌해 크게 다칠 가능성이 매우 커집니다. 반대로 불안감이 커지면 심장이 빨리 뛰고 동공이 커지며 주변을 민첩하게 살피게 돼 위험한 상황에도 곧장 몸을 피할 준비가 되는 것입니다. 우리는 불안한 감정 덕분에 매일 다치지 않고 사고 없이 지낼 수 있습니다. 그러므로 코로나 때문에 불안해지고 걱정이 많아지는 것은 아이가 건강한 마음을 가지고 있다는 뜻이고 전혀 이상한 반응이 아니라는 사실을 알려주고 안심시켜 주세요.

tip ◀ 감정 조절의 시작_ 자신의 감정을 인식하고 표현하기

불안과 걱정이 가득 차면 아이들은 고집을 부리고 짜증을 내며 어쩔 줄 모릅니다. 바로 자신의 불편한 마음을 편안한 마음으로 바꿀 수 없어 너무나 힘이 든다는 뜻입니다. 아이들은 자신의 좌절과 분노, 슬픔 같은 부정적인 감정을 다루는 능력이 부족합니다. 감정을 조절하는 능력은 아이들마다 다르며, 어렸을 때부터 좋은 대인관계를 경험하며 감정 조절을 연습한 아이들이 더 잘 할 수 있습니다. 모든 아이들은 자신의 감정을 이해하고 조절하는 능력을 배우는 중입니다. 줄넘기를 배울 때 자꾸 걸려 넘어지다가도 나중에는 2단 뛰기도 할 수 있게 되듯이, 감정을 다루는 능력도 오랜 시간 경험과 시행착오를 반복하면서 발달합니다. 부모님은 아이들이 이러한 경험과 시행착오에서 지치지 않고 감정 조절하는 연습을 포기하지 않도록 지탱해주는 분입니다.

마음속에서 치밀어 오르는 부정적인 감정을 조절하기 위해 아이들은 우선 자신이 느끼는 감정이 어떤 것인지 알고 표현할 수 있어야 합니다. 하지만 아이들은 감정을 구별하고, 그 감정을 지칭하는 어휘를 정확히 사용하는 데 능숙하지 못합니다. 지금 감정이 슬픔인지 좌절감인지 혹은 창피함인지 구별하기 어렵습니다. 또한 감정을 표현하는 어휘도 아직 충분하지 않아 기분이 '나쁘다' 혹은 '좋다'의 두 가지로만 뭉뚱그려 말하는 경우가 많습니다. 자신의 감정을 인식하고 표현하는 데 필수적인 방법은 감정 단어를 잘 사용하는 것입니다.

감정을 표현하는 다양한 단어들(예. 기쁨, 즐거움, 신남, 편안함, 뿌듯함, 아쉬움, 부끄러움, 창피함, 무서움, 부러움, 외로움, 우울함, 화남 등)을 아이와 생각나는 대로 적어보고, 그런 감정을 느꼈던 자신의 실제 경험을 부모와 아이가 함께 말해봅니다. 아이는 자신이 실제로 느낀 감정에 맞는 단어를 찾지 못하거나 혼동하는 경우가 많으니 아이가 설명한 상황과 감정에 적합한 단어를 찾는 것을 부모님이 도와주시고, 감정 단어의 의미를 이해할 수 있도록 부모님의 경험과 연결시켜 설명해 주십시오. 아이의 이해 수준에 적합한 감정 단어들을 써서 벽에 붙여놓고, 하루 동안 있었던 일들을 떠올리며 어떤 감정들을 느꼈는지 부모님과 아이들이 번갈아 말해봅니다. 자신의 감정을 되돌아보고 그 감정을 표현하는 단어를 생각해보는 활동을 해보면서 아이들은 자신의 감정에 대해 생각하는 능력이 발달합니다.

몸과 마음을 이완시키는 방법 가르치기

불안감이 마음을 가득 채우면 아이들의 몸은 긴장감으로 경직됩니다. 아이의 몸이 굳어진 상태에서는 아이를 괴롭히는 부정적인 감정이 줄어들기 어렵습니다. 자신도 모르게 힘이 잔뜩 들어간 경직된 아이의 몸에서 근육의 힘을 빼고 풀어주면, 낭떠러지에 몰린 듯한 긴장감도 차츰 풀어지게 됩니다. 몸에서 힘을 빼고 마음의 긴장감도 줄이는 이완 방법에 익숙해지면 아이는 갑작스럽게 몰려오는 불안과 두려움을 좀 더 잘 다룰 수 있게 됩니다.

몸을 이완시키는 가장 쉬운 방법은 심호흡을 하는 것입니다. 깊고 천천히 숨을 들이쉬고 내쉬며 자신의 호흡에만 온전히 집중하는 방법입니다. 심호흡은 간단하지만 강렬한 감정을 진정시키는 데 아주 효과적입니다. 심호흡은 부교감신경계를 활성화시키며, 이는 맥박과 혈압을 감소시키고 소화를 촉진시킵니다. 즉 두려움은 줄어들고 감정이 진정됩니다. 아이와 심호흡을 해보면서 불안한 마음이 진정되는 것을 아이가 직접 경험하도록 지도해주세요. 심호흡과 근육 이완을 위해 활용할 수 있는 유튜브 영상과 모바일 앱도 다양하게 소개되어 있습니다.

☑ 아이와 심호흡 해보기

"깊이 숨을 들이쉬고, 잠시 숨을 참아보고, 숨을 천천히 내쉬어보자."

☑ 사각형 호흡법(four-square breathing)

4단계로 호흡하는 방법으로 '4초간 숨 들이쉬기 / 4초간 멈추기 / 4초간 숨 내쉬기 / 4초간 멈추기'의 순서로 진행합니다.

☑ 육아정책연구소에서 제작한 '영유아 마음 달래기' 영상

어린 아이들이 영상을 보며 자신의 몸을 이완시키는 활동을
따라해 볼 수 있습니다.

02

아이가 무기력하고 우울해 보여요

우울감과 무기력

초등학교 5학년 승민이는 최근 시무룩하고 불만이 가득해 보입니다. 친구들과 뛰어놀기를 좋아하는 밝고 명랑한 승민이는 집에서 지내는 시간이 너무나 재미없습니다. 혼자 온라인 수업을 듣고 숙제를 하는 게 싫어 아침이면 일어나기 힘든데 엄마가 아침마다 일어나라고 소리를 지르는 건 더욱 기분이 나쁩니다. 온라인 수업은 정말 하기 싫지만, 그래도 친구들과 선생님 얼굴을 보며 함께 얘기할 수 있는 실시간 수업시간은 기다려집니다. 하지만 그 시간은 너무 짧고, 이후에는 다시 혼자입니다. 부모님은 직장에 나가고 형제도 없는 데다, 얼마 전 새로 이사 온 탓에 만날 친구들도 없습니다. 승민이는 부모님이 돌아오실 때까지 음식을 꺼내 데워먹고, 숙제도 하고, TV도 보고 이것저것 해보지만 여전히 심심하기만 합니다. 어떤 날은 자기도 모르게 방바닥에 누운 채 잠이 들기도 합니다. 부모님은 집에 오면 숙제는 다 했는지, 밥 먹은 것은 제대로 치웠는지부터 물어보고, 승민이가 하루 종일 어떻게 지냈는지는 궁금하지도 않은 것 같습니다. 그래서 엄마, 아빠 얼굴을 보면 반갑기는 하지만 신경질이 나 대답도 하기 싫어집니다. 예전처럼 친구들과 땀범벅이 될 때까지 축구를 하고 떡볶이도 사먹고 싶습니다. 승민이는 집에서 혼자 무엇을 해야 할지 모르겠고 하고 싶은 일도 딱히 생각나지 않습니다. 혼자 외톨이로 남겨진 것 같아 답답하고 외롭기만 합니다.

　　우리 엄마, 아빠는 나를 버린 것 같다. 하루 종일 집에 혼자 있는 것도 너무 힘든데 저녁에 들어오면 '왜 숙제를 안 했냐?' '왜 과자를 많이 먹었냐?' '게임은 얼마나 했느냐?' 이런 질문만 한다. 그래도 저녁에는 엄마, 아빠가 같이 있어서 외로운 마음이 좀 덜 한 것 같긴 하다. 아침에는 다 나가버리는 게 싫어서 일어나고 싶지 않은데, 엄마는 빨리 일어나라고 소리만 지른다. 엄마, 아빠가 나가고 나면 내가 다시 자도 아무도 모를 거면서. 나 혼자 두는 게 미안하지도 않은 걸까? 난 그래도 온라인 수업에 선생님이 출석을 부르면 빠지지 않는다. 출석을 불러도 대답하지 않는 애들이 얼마나 많은지 엄마, 아빠는 모를 거다. 선생님이 이메일로 숙제를 제출하라고 할 때도 있었는데, 어떻게 하는지 잘 몰라서 숙제를 못 냈다. 근데 선생님이 엄마한테 내가 숙제를 안 냈다고 문자를 보내서 엄마한테 혼이 났다. 어떻게 하는 건지 물어볼 사람도 없는데 선생님도, 엄마, 아빠도 다 나한테만 잘못했다고 해서 너무 억울하다. 이사를 와서 친구들을 만나러 가지도 못하고, 학원에서 친구들도 못 만나니 너무 심심하다. 애들은 내가 보고 싶지 않은 건지 연락도 없다. 애들이 내 연락을 반가워하지 않을 것 같아 나도 전화를 못 걸겠다. 축구부에서 같이 놀 때는 애들이 다 나에게 축구를 잘한다고, 서로 같은 편을 하자고 그래서 뿌듯했는데 지금은 애들이 나를 다 잊어버린 것 같다. 언제까지 이렇게 심심하고 외롭게 혼자 지내야 하는 건지 모르겠다. 나중에도 친구를 하나도 못 사귀고 외톨이로 학교를 다니게 되는 건 아닐지 겁이 난다.

우리 아이는 요새 매일 짜증만 내니 도대체 어떻게 해줘야 할지 고민이다. 엄마, 아빠는 모두 직장에 나가야 하고 형제도 없는 아이가 하루 종일 혼자 지내는 것은 정말 안쓰럽고 미안하다. 하지만 평소에도 아이는 혼자 집에 있는 것을 좋아했고, 곧잘 자기 할 일도 알아서 했기 때문에 이렇게 힘들어할 줄은 몰랐다. 아마도 이사를 해서 동네에서 만날 친구들이 없으니 더 답답하겠지만, 학교를 전학한 것도 아니고 친구들하고 온라인 게임도 하고 채팅도 할 수 있는데 요즘은 별로 하지 않는 것 같다. 내가 차려 놓은 음식은 다 먹지 않고 과자를 꺼내 먹는 날이 많고, 밤에는 잠이 안 오는지 뒤척거리는데 아침마다 아이를 깨우기가 너무 힘들다. 그러니 출근 때마다 아이에게 '어서 일어나서 밥을 먹어라' '낮에 앉아만 있지 말고 운동기구라도 타라' 같은 잔소리만 하게 된다. 퇴근하고 나면 저녁 먹이고, 숙제 봐주고, 틀린 문제 고쳐주고… 너무나 할 일이 많은데, 아이는 가만히 앉아 아무리 불러도 대답도 안 한다. 내가 좀 더 큰 목소리로 아이를 부르면 '나 좀 가만히 내버려 둬!'라며 짜증을 낸다. 종일 혼자서 지내 심심했다면서 엄마가 말 시켰다고 화를 내는 이유는 뭘까? 아이가 사춘기가 된 걸까? 이러다가 반항하는 문제아가 되는 건 아닐까?

코로나 상황에서 아이들의 마음은 어떤 상태일까요?

2020년에 이뤄진 국내 연구에 따르면, 2018년에 비해 초등학교 고학년과 중학생의 행복감이 감소했고 연령이 어릴수록 행복감은 더욱 크게 감소했습니다. 코로나 팬데믹이 시작된 후 아이들은 엄청난 변화와 불확실성을 경험하였습니다. 어른들도 마찬가지였지만, 아이들은 평생 알고 있던 사회의 구조와 규칙이 완전히 달라지는 상황을 일방적으로 따를 수밖에 없었습니다. 3월이면 아이들은 새 학년이 돼 같은 반 친구들과 담임선생님을 만나고, 새로운 교실에 내 자리와 첫 번째 짝도 정하게 됩니다. 하지만 작년부터 아이들은 설레는 새 학년의 시작을 누리지 못했습니다. 아이들의 기억에 남는 특별한 이벤트인 현장 학습과 소풍, 수학여행, 학예회, 축제 같은 것들 또한 꿈꿀 수 없게 되었습니다. 더구나 집 밖에만 나가면 마스크를 쓰고, 사람들에게 가까이 다가가지 않게 조심하고, 기침하는 사람이 있으면 얼른 옆으로 피해야 합니다. 오랜만에 기다리던 학교에 갔지만 책상마다 친구들과의 사이를 가로막는 투명판이 붙어있고, 선생님은 그 전에는 한 번도 들어보지 못한 규칙들을 계속 이야기합니다. 이 많은 경험을 잃어버린 아이들의 일상은 과연 어떤 것이 되었을까요? 지금 우리 아이들의 마음은 어떨까요?

· 의욕이 떨어지고 기운도 없어 쉽게 지치는 무기력감
· 내가 결정하고 선택할 수 있는 것은 하나도 없는, 통제력이 박탈된 느낌
· 자유시간은 많아졌지만 재미있는 것도 없고 지루하며 막막한 느낌
· 아무도 나를 찾지 않고 갇혀 있는 것 같은 고립감
· 나만 혼자 남겨진 것 같은 외로움
· 코로나 바이러스에 대한 걱정과 불안감

지난 일 년간 아이들은 정도는 다르겠지만 앞에 나열한 힘든 감정들을 한꺼번에 느끼며 지내왔을 겁니다. 그 마음을 어른들이 좀 더 헤아리고, 이해하고, 도와주세요. 아이들의 눈을 쳐다보며 수고 많다고 등을 토닥여주는 시간을 자주 가지면 좋겠습니다.

갑자기 짜증을 내고 반항하는데 뭔가 문제가 생긴 걸까요?

아이들은 걷기 시작하면서 자신이 원하는 곳을 향해 움직이고, 말을 하기 시작하면서 "싫어!"라고 외칩니다. 하지만 건강한 발달을 보여주는 자연스러운 자기주장과 요구가 아니라, 사소한 일에도 쉽게 짜증과 화를 내고 부모의 말에 매번 말대꾸를 한다면 아이를 잘 살펴보

아야 합니다. 이러한 행동은 부모를 당황스럽고 힘들게 하겠지만, 아이의 목적은 결코 부모를 괴롭히는 것이 아니라는 걸 알아야 합니다. 우울함과 무기력감을 느끼는 아이가 자신의 마음을 어떻게 진정시킬지 몰라 막막한 마음에 짜증을 내고 있는 거니까요. 아이들은 뭔가 하고 싶다는 의욕이 줄어들거나 우울해지면 어른처럼 의기소침하거나 위축되기보다는 짜증과 화가 많아집니다. 부모에게 대들고 반항하는 모습까지 보일 수 있습니다. 이런 행동 속에 숨어있는 아이들의 슬픔과 우울감을 놓치지 말아야 합니다. 부모의 설득은 들을 생각도 없고 신경질부터 내는 행동 때문에, 아이는 우울한 마음을 위로받기 어렵습니다. 아이는 힘든 마음을 표현할 방법은 모른 채 자신의 행동을 꾸중하는 부모에 대한 원망만 늘어갈 수 있습니다. 코로나 팬데믹을 겪고 있는 아이들은 우울한 기분이 조금씩 쌓이면서, 부모도 자신도 모르는 사이에 짜증을 내고 꾸중을 듣는 경험을 반복하고 있을지도 모릅니다. 이러한 악순환을 멈추기 위해 부모님은 아이의 반항적인 행동을 어떻게 훈육할지 고민하기 전에, 가정에서 아이와 긍정적인 경험을 함께 할 수 있는 활동부터 찾아보아야 합니다. 한 조사결과에 따르면, 코로나 발생 이후 아이들의 놀이와 휴식시간은 늘었지만 어른과 함께 놀이 활동을 하는 시간은 오히려 줄어들었습니다. 아이들의 우울하고 외로운 마음을 활력과 즐거움으로 바꾸기 위해서는 부모님과 함께 재미있고 신나게 놀이하는 시간을 꼭 만들어 줘야 합니다.

외롭고 심심하다고 하루 종일 불평하는데 해결 방법이 있을까요?

코로나 발생 후 아동의 일상 변화를 조사한 연구에서 우리나라 아이들은 '사회적 거리두기로 외부 활동과 모임을 자유롭게 하지 못하는 것'이 가장 큰 어려움이라고 응답했습니다. 또한 '친구들을 마음 편히 만날 수 없는 것'도 높은 순위를 차지하였습니다. 이런 결과들은 아이들이 또래와 어울리며 사회적 활동을 할 수 없어 얼마나 힘들어하고 있는지를 잘 보여줍니다. 어떤 아이들은 집에서 휴식하며 에너지를 축적하는 시간이 더 많이 필요하지만, 반대로 밖에서 활동하며 에너지를 발산해야 더 활기차게 생활하는 아이들도 있습니다. 어떤 성향의 아이든지 외부 활동이 제한되면 아이들은 일상생활에서 만족감과 유능감(자신의 긍정적인 능력에 대한 개인적인 느낌과 판단)을 충분히 느끼지 못합니다. 아이들의 외로움과 답답함을 덜어주기 위해서는 우선 일상생활을 좀 더 편안하고 즐겁게 지낼 수 있도록 환경을 조성해줄 필요가 있습니다. 그리고 제한된 여건 안에서나마 아이들이 또래와 사회적 경험을 가질 수 있도록 안전한 방법을 다양하게 찾아보고, 친구들과 만날 수 있도록 도와주는 것이 좋습니다.

아이들과 규칙적인 생활 계획하기

규칙적인 생활은 불안하고 우울한 마음이 커지지 않도록 도와줍니다. 매일 학교에 등교하던 예전처럼 같은 시간에 일어나 밥을 먹고, 할 일을 하고, 잠을 자면서 규칙적으로 지내면 마음에 안정감과 활력이 커질 수 있습니다. 규칙적인 생활의 좋은 점은 아이들이 앞으로 있을 일들을 예상하고 준비할 수 있다는 것입니다. 모든 것이 불확실한 코로나 상황이지만 적어도 우리의 일상 안에서는 생활을 예측하고 대비하며 아이들이 마음 놓고 지낼 수 있습니다. 예측이 가능한 안정된 구조와 규칙성 안에서 아이들은 안심하고 하고 싶은 일에 집중할 수 있고, 우울하고 불안한 마음을 키우는 부정적인 생각은 줄어들게 됩니다. 규칙적인 생활은 아이들의 심리적 건강과 안정을 위해 무엇보다 중요합니다.

부모님이 아이들의 규칙적인 생활을 계획하는 데 고려해야 할 사항이 있습니다.

① 계획은 아이들과 함께 짜야 합니다

부모님이 시간표를 짜서 '몇 시에 일어나 몇 시에 밥을 먹을 것'이라고 아이들에게 알려주는 것은 적절하지 않습니다. 처음부터 아이들과 함께 계획을 짜는 것이 중요합니다. 아침에 일어나는 시간부터 온라인 수업, 휴식시간, 밥 먹는 시간을 정할 때 아이들의 의견을 충분히 들어주고 함께 정하는 것입니다. 반드시 학교에 다닐 때와 같은 시간으로 정할 필요는 없습니다. 변화된 생활 방식에 맞추되 아이들이 지킬 수 있는 시간으로, 아이들의 생각을 적극적으로 반영하도록 합니다. 아이들도 규칙적인 생

활을 이미 경험해보았기 때문에 시간을 정하는 데 자기 의견이 있을 것입니다. 또한 아이들은 부모님과 함께 계획하면서 자신의 생활을 되돌아보며 어떻게 지내고 싶은지 고민할 기회를 가지게 됩니다. 무엇보다도 아이들은 자신이 세운 계획이기 때문에 더욱 자발적으로 규칙적인 생활에 참여할 수 있습니다. 아이들과 마주보고 앉아 부모님과 아이들 모두에게 가장 좋은 계획은 무엇일지 차분히 규칙을 정해 봅시다.

② 가족 모두가 실천 가능한 시간으로 계획표를 작성합니다

아이들은 등교를 하지 않고, 부모님도 재택근무를 하고 있다면 그 전처럼 일찍 일어나 아침을 먹을 필요는 없습니다. 현재 몇 시에 일어나고 밥을 먹고 잠을 자는지 생각해보고, 온라인 수업과 부모님의 근무시간을 고려해 실천할 수 있는 시간으로 계획합니다. 일단 정한 계획은 특별한 이유가 없다면 시간을 조정하지 말고 일관되게 지키도록 합니다. 실천 가능한 현실적인 계획을 정한다면 시간에 쫓기거나 압박을 받지 않고 규칙적으로 생활할 수 있을 것입니다.

③ 시간뿐만 아니라 구체적인 실천 방법도 함께 정해야 합니다

해당 시간에 해야 할 일들을 어떤 방식으로 하는 게 좋을지 아이들과 함께 의논하고 정해봅니다. 아이들은 매일 해야 하는 일상적인 일들을 자신들이 하고 싶은 방식으로 제안할 수 있습니다. 아침식사 시간은 8시로 정했는데, 밥을 먹고 나서 옷을 갈아입을지 아니면 그 전에 옷을 갈아입을지 의논할 수 있습니다. 밤에 자는 시간을 9시로 정했다면, 어떤 아이들은 8시에 잠자리에 누워서 부모님이 책을 읽어주기를 원할 수도 있습니다. 규칙적인 생활은 시간을 지키는 것뿐만 아니라 일과의 순서와 절차, 방법을 편안하게 계획하는 것도 포함됩니다.

④ 반드시 아이들의 휴식과 놀이 시간을 정해야 합니다

밥을 먹고, 수업을 듣고, 숙제를 하고, 자는 시간을 정했다고 나머지는 당연히 쉬거나 노는 시간이 되는 것은 아닙니다. 자신이 온전히 통제하고 선택하며 자유를 만끽할 수 있는 아이들의 시간을 따로 확보해 주세요. 이러한 시간은 하루에 한 번이 아니라 몇 번으로 나누어 주는 것이 좋습니다. 휴식시간의 핵심은 자신이 그 시간의 주인이라는 것입니다. 이 시간을 통해 아이들은 통제력과 유능감을 느끼며 스트레스와 불안을 줄일 수 있습니다.

⑤ 운동하는 시간도 일과에 꼭 포함시켜야 합니다

외부 활동이 부족한 만큼 몸을 움직이고 땀을 흘리는 시간은 신체적 건강뿐 아니라 심리적 건강을 위해서도 매우 중요합니다. 유튜브 영상을 활용하여 집 안에서 할 수 있는 다양한 운동을 아이와 함께 해보고, 어떤 운동이 더 재미있는지 다음에는 어떤 운동을 시도해 볼 것인지 이야기해 봅니다. 단, 부모님이 아이들의 동작이나 활동에 지나친 간섭이나 지적을 하지 않도록 주의해야 합니다.

아이의 잠재력을 발휘할 수 있는 즐거운 활동하기

아이들이 온라인 수업을 듣고 숙제를 하면서 자신감과 즐거움을 느끼는 경우는 별로 없을 것입니다. 학교에 간다면 아이들은 다양한 활동을 통해 자신이 더 재미있게 느끼고, 자신이 더 잘한다고 뿌듯해하는 경험을 할 수 있을 것입니다. 어떤 아이들은 수학 시간에, 어떤 아이들은 음악 시간에, 또 어떤 아이들은 점심시간에 자신만의 즐거움을 찾을 수 있습니다. 하지만 온라인 수업 탓에 이러한 다양한 활동은 충분하지 않고, 아이들은 모든 활동을 영상을 통해야 하는 데서 답답함을 느끼고 있습니다. 가정에서 아이들이 즐겁게 느끼고 자신의 능력을 발휘할 수 있는 활동을 함께 만들어 봅니다. 아이들과 그림을 그리며 놀거나, 과녁에 자석 다트 던지기를 하거나, 보드 게임을 하는 등 놀이시간을 만들어 볼 수 있습니다. 또는 부모님과 함께 청소나 요리를 하고 빨래를 개는 활동도 아이가 집 안일을 하면서 중요한 역할을 맡을 기회를 줄 수 있습니다. 아이가 좋아하는 만화를 함께 보며 스토리와 캐릭터에 대한 설명을 해달라고 요청하면, 아이는 부모님이 모르는 것을 가르쳐주면서 관심사를 공유하는 기쁨을 느낄 것입니다. 아이에게 무언가를 잘한다는 칭찬을 계속 할 필요는 없습니다. 아이가 좋아하는 활동에 부모님이 진심으로 관심을 보이며 동참한다면, 보드 게임에서 이기지 못했다고 하더라도 놀이시간은 즐거움으로 남을 수 있습니다. 단, 보드 게임과 같은 경쟁적인 활동에서는 부모님이 이기려고 하면서 경쟁을 과열시키지 않도록 주의해 주세요. 또한 아이가 질 것 같은 불리한 상황이 되었을 때 실망감과 속상함을 공감해주는 것이 중요합니다. 보드 게임의 결과가 아동의 능력을 보여주는 것이 아니라, 규칙과 순서를 이해하고 지키며 게임을 함께 한다는 자체가 아이의 잠재력과 인내력을 키워주는 것입니다.

친구들과 안전하게 만나는 방법 찾아보기

친구들과 학교와 놀이터에서 매일 만나지 못하더라도, 아이들에게는 친구들과 연결되어 있다는 확신이 필요합니다. 친구와 전화로 신나게 대화하고, 온라인 게임에서 함께 모여 채팅으로 일상적인 경험을 공유하고, 수업으로 익숙해진 온라인 화상회의 프로그램으로 친구들과 얼굴을 보며 감정을 나눌 수 있습니다. 친구와 어울리고 싶을 때 사용할 수

있는 적합한 방법과 도구들을 부모님이 아이들과 함께 찾아보고 연습해 봅니다. 온라인 게임으로 친구들이 모여 채팅하는 경우 부모님의 적절한 감독도 필요합니다. 우리 아이가 친구에게 만남을 제안하는 방법도 같이 의논해주세요. 친구들이 온라인상에서 언제 어떤 방법으로 만나는 것이 제일 편하고 재미있을지 서로 의견을 주고받도록 도와주십시오. 하지만 때로는 실제로 친구들과 대면하여 즐겁게 노는 시간도 꼭 필요합니다. 거리두기 단계에 맞추어 인원수와 장소를 정하고, 아이들이 함께 놀면서도 마스크 쓰기와 손 씻기 등의 기본적인 방역 수칙을 꼭 지키도록 지도합니다. 코로나에서 안전하게 스스로를 보호하면서도 친구들이 다 같이 즐겁게 야외 활동(예, 산책하기, 자전거타기, 놀이터에서 놀기 등)을 할 수 있도록 적합한 장소와 방법을 찾아봅니다.

03

인터넷과 게임을 시작하면 중단하지 못해요

게임 중독

초등학교 4학년 해원이는 예전보다 인터넷 이용 시간이 엄청나게 길어졌습니다. 온라인 수업과 과제 때문이라고 하지만 그 시간 외에도 스마트폰을 손에서 놓지 못합니다. 심지어 밥을 먹거나 TV를 보는 동안에도 유튜브를 켜놓고 힐끗힐끗 보느라 집중하지 못합니다. 엄마가 해원이에게 스마트폰을 치우라고 계속 잔소리해 일단 방에 두고 나오지만, 밥을 먹는 동안에도 아까 보지 못한 유튜브 내용이 생각나 정신없이 밥을 먹고 방에 가서 스마트폰을 켭니다. 물론 엄마가 스마트폰을 할 수 있는 시간을 정해놓기는 했지만 그 시간까지 기다릴 수가 없습니다. 몰래 사용하다가 엄마에게 들키는 일도 늘고 있습니다. 언젠가는 엄마가 스마트폰을 갑자기 빼앗은 적이 있는데, 친구들이 같이 게임과 채팅을 하자고 초대한 문자를 해원이가 확인하지 못해 펑펑 울고 난 후로는 스마트폰을 다시 돌려주었습니다. 해원이는 요즘 게임에도 빠져 있는데 게임하는 동안에는 불러도 대답도 하지 않습니다. 엄마가 끝낼 시간이 10분 남았다고 미리 알려주고, 알람을 맞춰 놓기도 했지만 소용이 없습니다. 결국 엄마가 소리를 지르거나 스마트폰을 빼앗아야 멈춥니다. 해원이는 게임을 할 때마다 결국 혼이 나고, 약속한 시간보다 게임을 오래 해도 만족스럽지 못합니다. 해원이는 어떻게 해야 마음대로 게임을 할 수 있을지 계속 방법을 찾고 있습니다.

엄마는 내가 좋아하는 것마다 하지 못하게 한다. 유튜브와 게임을 하는 동안 나는 공부나 숙제 걱정은 하나도 안 떠오르고 너무 마음이 편하다. 지난번에 아빠가 나에게 골칫덩어리라고 소리 지른 것도, 친구가 나에게 못생겼다고 놀린 것도 게임을 하는 동안만큼은 생각나지 않는다. 게임에서 총을 쏴서 장애물을 터뜨리고 골을 넣으면 속이 뻥 뚫린 기분이 들고 스트레스가 풀린다. 이렇게 즐거운 일은 해본 적이 없는데, 엄마는 내가 너무 게임만 해서 바보가 될 것 같다고 한다. 게임을 시작하면 시간이 정말 빨리 가는데 내가 한참 재미있게 하고 있는 순간에 엄마는 그만 하라고 소리를 지른다. 지금 게임을 중단하면 레벨업을 할 수 없고 다음에는 처음부터 다시 시작해야 해서 도저히 끝낼 수가 없다. 이런 식으로는 더 좋은 아이템도 받을 수 없으니, 게임을 계속 하려면 아무래도 엄마, 아빠가 잠든 후에 시작해야 할 것 같다.

우리 아이는 아무래도 요새 제정신이 아닌 것 같다. 아무리 학교에 매일 가지 못 해도 그렇지 저렇게 모든 할 일을 다 제쳐두고 유튜브를 보거나 게임만 할 수가 있는 건지 이해가 안 된다. 게임을 하는 요일과 시간을 정해놓긴 했지만, 그게 언제였는지 나도 아이도 기억나지 않는다. 왜냐하면 아이가 계속 다음 주에 게임할 시간을 지금 미리 당겨서 쓰겠다고 하거나, 어제 할머니가 오셔서 게임을 못했으니 그 만큼 오늘 하겠다고 졸라대면서 약속이 계속 바뀌었기 때문이다. 아무래도 아예 핸드폰을 쓰지 못하게 해야 할 것 같아 빼앗기도 했는데, 친구들 연락을 받지 못해 그것도 포기했다. 가뜩이나 친구들을 만나지도 못 하는데 핸드폰으로 연락도 주고받지 못하면 아이가 완전히 외톨이가 될 것 같다. 하지만 더 걱정이 되는 건 게임을 그만 하라고 하면 자꾸 소리를 지르거나 발을 구르는 등 거친 행동을 한다는 것이다. 게임에서 총을 쏘고 계속 싸우기만 하던데, 저런 화면만 보다 보니 아이가 폭력적이 되는 건 아닐까? 숙제를 한다고 방에 들어가도 결국 게임을 하고, 그만하라고 하면 아이가 오히려 화를 낸다. 이러다가 사춘기가 되면 얼마나 나에게 반항을 할지 무섭기만 하다. 코로나가 끝나서 아이가 외부 활동을 할 수 있게 되면 나아질 수 있을까? 지금 이 상황을 해결할 수 있는 방법이 있긴 할까?

갈수록 인터넷과 게임 시간이 늘고 있는데 괜찮을까요?

코로나 전후 아동의 일상에서 일어난 변화를 조사한 연구 결과, 미취학 아동은 영유아 교육 관련 TV와 유튜브 시청이 늘었고 초등학교 고학년은 컴퓨터·모바일 게임과 영상 매체(TV, 넷플릭스 등) 시청이 늘었습니다. 또한 초등학생은 친구를 만나고 학원에 다니는 활동이 크게 감소한 것으로 나타났습니다. 결국 대부분의 가정에서 아이들은 친구들과 만나서 놀거나 같이 공부하는 대신 영상을 보거나 게임을 하면서 하루를 보내고 있는 것입니다. 이런 아이들을 매일 지켜보는 부모님은 코로나 상황에 어쩔 수 없다는 것을 알면서도 아이가 건강하게 자랄 수 있을지 점점 걱정이 커집니다. 부모님은 게임을 하고 유튜브와 TV를 보는 시간이 이렇게 많아지면 아이의 발달에 문제가 생기지는 않을지, 이러다가 흔히 말하는 게임 중독에 빠져서 친구들도 못 사귀고 학교생활을 제대로 못 하는 것은 아닐지 걱정이 늘어만 갑니다.

이런 맥락에서 부모님의 걱정은 '아이들이 게임을 하고 영상을 보는 시간이 너무 많다'라는 사실에만 치중되어 있습니다. 게임을 하는 아이들의 모습만 보면 스트레스를 받고, 당장이라도 게임을 중단시키지 않으면 아이에게 문제가 생길 것 같은 기분도 듭니다. 하지만 스마트폰을 빼앗고 TV를 치우면 과연 모든 게 해결될까요? 학교 수업은 물론 졸업식도 온라인으로 이루어지는 지금은 디지털 기기 없이 지내는 것이 가능하지도 않지만, 단지 아이가 게임하는 시간을 줄이는 방법을 찾아내는 것이 부모님의 가장 큰 고민이 되어야 할까요?

지금은 아이가 인터넷과 게임을 많이 한다는 사실에만 주목하지 말고, 우리 아이들이 하루를 어떻게 보내고 있는지 자세히 살펴보는 것이 중요합니다. 특히 코로나 상황으로 일상적인 외부 활동을 하지 못해 아이들은 규칙적인 일과가 무너지고, 생활 습관도 엉망이 되었을지 모릅니다. 또한 부모님과 집에서 함께 지내는 시간은 많아졌지만, 정작 서로의 이야기를 들어주며 대화하는 시간은 얼마 되지 않을지도 모릅니다. 아래 내용을 보며 우리 가족의 모습은 어떤지 생각해봅시다.

· 우리 아이는 규칙적으로 일정한 시간 숙면을 하고, 균형 잡힌 식사를 하고 있나요?
· 우리 가족은 함께 즐거운 활동을 하고 대화를 나누는 시간을 자주 보내고 있나요?
· 우리 아이는 매일 어느 정도 운동을 하고 있나요?
· 우리 아이는 디지털 기기를 이용해 친구들과 교류하는 시간을 가지고 있나요?
· 우리 아이는 온라인 수업에 참여하고 숙제를 제출하는 데 잘 따

라가고 있나요?

위의 질문들에 대해 어떤 대답을 할 수 있을지 우리 가족과 아이의 하루를 잘 들여다봅니다. 이 중에서 아이가 힘들어하고 있는 일이 있다면, 부모님이 얼마든지 도와주겠다고 아이에게 먼저 손을 내밀며 함께 방법을 찾아보도록 합시다. 게임과 영상을 보는 시간 자체보다 아이의 생활 전반에서 도와주어야 할 더 중요한 부분을 놓치지 않도록 해야 할 것입니다.

게임을 자제시키면 아이와 싸우게 되는데 어떻게 해야 할까요?

코로나 팬데믹이 발생하기 전에도 모바일 게임으로 인한 부모-자녀의 갈등은 대부분의 가정에서 상당히 어려운 문제였습니다. 하물며 어른도 아이도 모두 집에서 온라인으로 해야 할 일들이 급격하게 많아진 지금, 아이의 인터넷 사용으로 인한 가정 내 갈등에 대해 해결책을 찾기가 더욱 힘들어졌습니다. 아이는 수업 등의 용도로 인터넷 사용이 많아져서 자연히 게임도 더 많이 하게 되었으며, 다른 외부 활동을 할 수 없으니 더욱 디지털 기기에 매달리게 됩니다. 또한 코로나 팬데믹으로 인해 아이들이 심리적인 불안감과 우울감이 높아지면 적극적으로 자신이 좋아하는 활동을 찾아서 시작하기 어렵고, 대신 수동적으로 영상 매체를 보면서 시간을 보내거나 예전부터 했던 게임에 더욱 몰두하기 마련입니다. 아이가 게임을 하는 데 영향을 주는 아이의 생활 및 마음 상태를 잘 알아보는 부모의 노력이 필요한 때입니다.

　게임에 푹 빠져 있는 아이에게 부모가 게임을 중단하라고 말하면 아이는 즉시 지시를 따르기 어렵습니다. 그래서 부모님은 게임을 끝내기로 약속한 시간에 알람이 울리도록 타이머를 설정해주거나, 게임을 끝낼 시간이 다가오면 시간이 얼마나 남았는지 미리 알려주며 마음의 준비를 도와주기도 합니다. 부모와 약속한 시간에 아이가 게임을 끝낼 수 있도록 다양한 방법을 이미 사용하고 있겠지만, 지금은 그 방법들이 더 이상 통하지 않아 갈등이 더 심해질 수 있습니다. 아이들은 게임을 마친 후에 외출할 일도 없고, 게임을 끝내면 친구들과의 채팅도 더 이상 할 수 없기 때문에 게임을 그만두기 어렵습니다. 심지어 아이들은 부모님이 왜 게임을 하지 말라고 하는 건지 이해도 되지 않습니다. 그런 상황에서 아이들은 게임을 끝내기 싫다고 저항하기 시작하고, 아이의 반항에 부모는 더 강한 압박을 주지만 그럴수록 아이들은 더욱 고집을 부립니다. 어떤 날은 게임 때문에 싸우기 시작해 아이와 부모가 서로 심한 말을 내뱉으며 마음에 상처를 주고받기도 합니다. 그러다가 아이는 온라인 수업을 하는 동안 혹은 한밤중이나 새벽에 부모 몰래 모바일 게임을 하는 자구책을 마련하게 됩니다. 아이들은 게임을 중단하지 못하고 마치 게임에 중독된 사람처럼 보입니다.

　이런 악순환이 단지 게임 때문에 일어난 일일까요? 게임을 하지 말라는 부모의 지시에 아이들이 심하게 화를 내거나 공격적인 반응을 보인다면 부모님은 역시 게임 때문에 아이가 폭력적이 되고 있다고 생각하기 쉽습니다. 하지만 아이가 무언가에 심하게 집착한다면 '무엇'에 집착하는가보다는 '왜' 집착을 하는지 의문을 던져야 합니다. 즉, 아이가 게임에 집착하게 된 이유를 먼저 생각해보아야 합니다. 도대체 아이는 왜 게임에 집착하게 되었을까요?

최근 우리나라 초중고생을 대상으로 진행된 대규모 연구 결과는 이러한 질문에 중요한 대답을 제시했습니다. 게임에 지나치게 몰두하는 행동을 일으키는 가장 큰 원인은 부모의 과잉 간섭과 기대, 학업 스트레스였으며 게임을 장시간 했기 때문이 아니었습니다. 이러한 결과를 고려하면, 아이와 부모가 긍정적인 상호작용을 주고받지 못하고 부모가 아이의 행동과 생활을 지나치게 간섭하며 통제하는 경우, 아이는 자기조절력이 발달하지 못하고 게임이라는 탈출구에 빠져들어 의존하는 상황에 이를 수 있습니다. 그러므로 게임에 빠져 중단하지 못하는 아이들을 돕기 위해서는 부모와 아이의 평소 상호작용과 관계를 깊이 살펴보고, 긍정적이고 신뢰할 수 있는 부모-자녀 관계를 회복하기 위한 노력을 적극적으로 시작해야 합니다. 게임에 집착하게 된 아이의 마음을 돌봐주지 않는다면, 디지털 기기를 다 빼앗아 게임을 못 하게 만든다고 해서 저절로 부정적인 부모-자녀 관계와 미숙한 자기조절력이 바람직한 방향으로 변화될 수는 없을 것입니다.

코로나가 끝나고 나면 인터넷에 집착하는 문제는 해결이 될까요?

아이가 인터넷과 게임을 아무리 해도 만족하거나 중단하지 못하는 행동은 코로나 상황에서 더 심해졌을 수는 있지만 전적으로 코로나 팬데믹이라는 특수한 상황에서 기인된 결과라고 볼 수는 없습니다. 이 시기에 인터넷에 집착하는 행동이 심해졌다면 이전에는 아이가 인터넷을 어떻게 사용했는지, 평소 생활은 어떠했는지 살펴보면서 이유를 생각해볼 필요가 있습니다. 자신의 행동을 조절하지 못하는 어려움은 코로나 상황에서 비롯된 것이 아니며, 코로나가 끝난다고 자연스럽게 나아질 수도 없을 것입니다. 게다가 아이는 심리적, 신체적으로 발달하는 과정에 있으므로 지금 아이가 겪는 다양한 경험들은 이후의 발달에 영향을 주며 당연히 인터넷에 집착하는 지금의 행동도 아이의 발달에 영향을 줄 것입니다. 아이가 코로나 상황에서 인터넷에 집착하며 자신의 행동을 조절하는 데 어려움을 보인다면, 부모님은 지금 이 상황을 아이의 발달과 심리적 상태를 이해하고 건강한 발달로 이끌어주는 기회라고 생각하고 아이를 이해하고 돕는 방법을 적극적으로 찾아보시기 바랍니다.

인터넷 중독·게임 중독 이해하기

　인터넷이나 게임에 빠져 도저히 중단하지 못하는 행동에 대해 흔히 인터넷 중독 혹은 게임 중독이라는 표현을 쓰기도 합니다. '중독(addiction)'은 내성과 금단 증상 및 심리적, 사회적 문제를 일으키는 특정한 상태를 가리키며, 인터넷도 이러한 중독을 일으킬 수 있다고 판단해 이에 대한 진단기준을 제시한 학자들도 있습니다. 인터넷 혹은 게임 중독이 심해지면 게임을 하느라 잠을 자고, 밥을 먹으며, 화장실에 가는 기본적인 생존 유지 활동도 제대로 하지 않고, 방 안에만 틀어박혀 외부 활동이나 사회적 접촉을 전혀 하지 않는 극단적인 모습을 보입니다. 이러한 중독 증상을 보이는 경우에는 정신건강전문가의 상담과 치료가 반드시 필요합니다. 다만, 인터넷과 게임이 약물이나 도박 같은 중독을 일으키는지에 대해서는 다양한 의견이 있으며, 많은 연구가 진행되고 있습니다. 또한 자기통제력을 잃고 게임에 과다하게 몰두하는 상태에 대해 '게임 과몰입'이라는 용어도 사용되고 있습니다. 인터넷과 게임 중독 혹은 과몰입에 대한 심리적 과정을 연구하고 개념을 정의하려는 노력은 계속되고 있으며, 학자들은 게임을 하는 시간에만 초점을 둘 것이 아니라 어떤 게임을 하고 있는지, 얼마나 심하게 몰입하고 있는지 등 구체적인 내용에도 관심을 가져야 한다고 강조합니다.

　인터넷 중독은 다양한 심리적 문제나 정신적 질병이 원인이 되어 나타날 수도 있고, 인터넷 중독으로 인해 정신적 질병이 동반될 수도 있습니다. 그러므로 인터넷 중독을 단지 인터넷이나 게임을 중단하지 못한다는 사실에만 중점을 두고 이해하려는 것은 충분하지 않습니다. 인터넷 중독에 이르게 된 아동의 인지, 정서, 대인관계 및 환경적 특성을 파악해 아동의 상태를 통합적으로 이해하고 치료를 위한 적절한 개입방법을 제공해 주어야 할 것입니다.

게임 중독 증세 자가진단표

- ☐ 게임을 하고 있지 않는 데도 게임을 하는 느낌이 들 때가 있다.
- ☐ 게임을 한 이후로 해야 할 일이나 물건을 잃어버리는 등 건망증이 늘었다.
- ☐ 반드시 해야 할 일이 있어도 게임을 그만둘 수 없다.
- ☐ 게임 때문에 시험(일)을 망친 적이 있다.
- ☐ 게임을 통해서는 내가 할 수 없는 일을 할 수 있다고 느낀다.
- ☐ 게임을 하지 않는 날이 거의 없다.
- ☐ 컴퓨터를 켠 후 가장 먼저 게임을 시작한다.
- ☐ 게임을 하지 못할 때면 짜증이 나거나 화가 난다.
- ☐ 게임하는 것 때문에 가족들과 다툰 적이 있다.
- ☐ 게임 때문에 밤을 새운 적이 많다.
- ☐ 게임을 하는 도중 주인공이 다치거나 죽으면 마치 내가 그러는 느낌이 든다.
- ☐ 게임을 하다가 고함을 치는 경우가 많다.
- ☐ 내가 현실 생활보다 게임에서 더 유능하다는 느낌이 든다.
- ☐ 게임 시간을 줄이려고 노력하는데도 번번이 실패한다.

출처 : 1388청소년사이버상담센터(www.cyber1388.kr)
* '1388청소년사이버상담센터'에서 더 정확한 검사를 무료로 받아볼 수 있다.

코로나 시대에 인터넷 중독 대처하기

　우리의 일상생활에서 인터넷에 대한 비중이 커지고 있는 코로나 시대에 우리 아이들이 인터넷 중독에 빠지지는 않을지 부모님의 걱정이 많을 것입니다. 컴퓨터와 스마트폰을 정신없이 들여다보고 있는 아이를 쳐다보면서 그냥 둬야 하나 빼앗아야 하나 끊임없이 갈등하는 부모님의 모습이 금방 떠오릅니다. 당장 부모님의 눈앞에서 아이가 디지털 기기에서 눈을 돌리게 만들 즉각적인 방법을 고민하는 것은 장기적으로는 소용이 없습니다. 아이가 인터넷 중독에 빠지지 않으면서 건강하게 인터넷을 사용하고, 부모와 아이도 긍정적인 관계를 가지는 데 도움이 될 방법들을 제안합니다.

☑ 인터넷 사용에 대한 규칙 정하기

　유아들을 대상으로 한 연구 결과, 가정에 디지털 기기를 사용하는 규칙이 있는지 없는지에 따라 유아들의 감정 조절 능력에 차이가 나타났습니다. 규칙을 세우지 않고 디지털 기기를 사용하게 한 가정의 유아들은 디지털 기기 사용 규칙이 있는 가정의 유아들에 비해 감정 조절 능력이 낮은 수준이었습니다. 즉, 디지털 기기를 사용하는 목적과 상황, 무엇을 얼마만큼 보여줄 것인지 등에 대한 계획과 규칙을 세우는 것이 중요합니다. 세부적인 규칙의 내용은 가정마다 모두 다르겠지만, 규칙을 정할 때 고려해야 할 사항이 있습니다.

① 규칙은 반드시 아이와 함께 정합니다

이때에 부모님은 아이가 인터넷을 통해 즐거움을 느끼고 스트레스도 풀
며 쉬고 싶어 한다는 것을 이해하고 아이의 마음을 인정해줍니다. 인터
넷 사용 규칙을 세우는 것은 아이가 인터넷을 하고 싶은 마음이 잘못됐
거나 나쁜 것이기 때문이 아니라고 알려줍니다. 아이의 연령에 따라 자
신이 자유롭게 인터넷을 사용하는 시간도 어느 정도 허용할 수 있습니다.
물론 사전에 인터넷 사용에 대한 교육이 반드시 필요합니다(Part2 참고).
규칙을 지키는 노력은 온라인 생활과 오프라인 생활의 균형을 맞추고, 자
신의 행동에 대한 판단력과 조절 능력을 키우는 중요한 과정이라는 것을
아이들이 이해할 수 있도록 도와주세요. 이러한 이해를 가지면 아이들은
부모님의 목표가 자신을 통제하는 것이 아니라 인터넷 사용을 위한 좋은
방법을 함께 찾으려는 것이라고 느낄 수 있습니다.

② 부모 자신의 인터넷 사용 방식을 점검해봅니다

어린 아이들은 부모가 좋아하고, 많은 시간을 보내는 일에 우선적으로 관
심을 가지게 됩니다. 또한 아이들은 성장하면서 부모가 자신에게 제시하
는 규칙을 부모의 행동에 적용시켜 생각하는 능력이 생깁니다. 부모가 항
상 디지털 기기를 손에서 놓지 않으면서 아이들에게 적절한 제한에 따르
기를 기대하는 것은 지나친 바람일 수 있습니다. 일정한 시간 부모도 디
지털 기기를 치워놓고 아이들과의 대화와 활동에 집중해주세요. 가족 모
두 디지털 기기를 사용하지 않는 시간을 정해놓는 것도 좋습니다. 가족
모두의 핸드폰을 모아서 다른 방에 넣어두고, 그 시간을 부모님과 아이

들이 다양하고 즐거운 활동을 하는 데 온전히 사용해 봅시다. 핸드폰에 연락이 왔을까 봐 계속 궁금해 하고 불안해하는 부모님의 모습을 본다면, 아이들은 덩달아 활동에 집중하지 못하고 핸드폰에 신경을 빼앗기게 될 것입니다. 건강한 인터넷 사용의 모범을 보여주려는 부모님의 노력은 건강한 부모-자녀 관계라는 더 큰 보상으로 돌아올 수 있습니다.

③ 규칙은 명확하게 정하고, 일관되게 지켜지도록 합니다

인터넷을 사용할 수 있는 시간은 일주일 중에 무슨 요일 몇 시부터 몇 분간인지 부모와 아이가 모두 정확히 알 수 있도록 합니다. 온라인 수업이나 과제를 위해 인터넷을 사용하는 시간은 계획에 포함할 수도, 별도로 정할 수도 있습니다. 가정마다 적합한 방식으로 아이와 함께 의논해주세요. 시간을 정해 놓으면 아이들이 인터넷 사용 시간을 예상할 수 있고, 다른 활동의 일정을 계획하는 데 도움이 됩니다. 이렇게 정한 규칙은 상황에 따라 바꾸지 않고 반드시 지켜지도록 합니다. 게임을 중단하는 것은 항상 힘들고, 아이들은 새로운 규칙을 다시 제안하며 조금이라고 더 하려고 협상을 할 것입니다. 그러므로 규칙을 정할 때 아이들이 자신의 의견을 충분히 이야기할 기회를 주는 것이 중요합니다. 아이들이 수용하고 함께 정한 규칙을 지킬 수 있도록 부모님이 아이의 마음을 이해한다고 표현하면서도 확고한 태도를 보여주세요.

④ 규칙 지키지 못했을 때에도 심한 벌을 주지 말고 격려해주세요

규칙을 지키지 못했다는 것만 강조하며, 심하게 벌을 주는 것은 아이가 스스로 포기하는 마음을 가지게 할 수 있습니다. "다음에는 잘 지킬 수 있을 거야"라고 격려해주고, 규칙을 지키지 못한 이유가 무엇인지 아이의 상황을 살펴봐 주세요. 또한 아이의 연령에 따라 규칙을 잘 지키면 스티커를 주는 보상 방법을 활용할 수도 있습니다.

아동의 온라인 생활에 동참하기

아이가 좋아하고 참여하는 온라인 콘텐츠가 무엇인지, 아이에게 적절한 것이고 바람직한 방법으로 사용하고 있는지 알아보는 것 역시 중요합니다. 이를 위해서는 부모님이 직접 아이들이 좋아하는 TV 프로그램, 유튜브 영상, 모바일 앱, 게임 등을 알아보고 동참해보는 시도가 필요합니다.

나이가 어린 경우 아이가 TV나 유튜브를 볼 때, 부모님이 옆에 앉아서 같이 보도록 합니다. 아이가 영상 매체를 보는 시간이야말로 부모님이 집 안일을 하거나 휴식을 취할 수 있는 절호의 기회일 수 있습니다. 그러나 가끔 이 시간을 아이와 함께 한다면 아이의 즐거운 시간과 감정을 공유하면서 아이에게 더욱 안정감과 친밀감을 줄 수 있습니다. 무엇보다 아이의 온라인 생활을 많이 알게 될수록 부모님이 아이와 대화할 수 있는 내용이 더욱 확장되며, 아이의 관심사가 어떻게 변해 가는지 지켜볼 수 있습니다.

초등학교 고학년의 아이들은 부모님이 불쑥 옆에서 같이 보려고 하면 간섭하는 것으로 느끼고 싫어할지도 모릅니다. 우선 아이가 좋아하는 프로그램이나 게임에 대해 관심을 보여주세요. 아이가 좋아하는 것에 대해 평가나 비난을 하지 말고 부모님은 자신이 모르는 세상을 아이에게 배우고, 아이는 부모를 가르쳐주는 기회로 만들어 봅니다. 아이들은 대부분 자신이 좋아하고 잘 아는 내용을 부모님에게 얘기하는 것을 즐거워합니다. 아이가 설명해주는 동안 주의 깊게 귀를 기울이며, 잘 모르는 말이나 개념을 조금씩 질문해 이해하도록 노력합니다. 아이는 부모님이 자신의 말을 잘 듣고 있으며 진심으로 알고 싶어 한다고 느끼면 다음 게임 시간에는 스스로 부모님을 불러서 보여주며 자신이 터득한 기술을 알려줄 수도 있습니다. 아이가 좋아하는 것을 부모가 알아가는 과정이야말로 커가는 아이의 마음을 들여다보는 소중한 기회입니다.

안전한 사회적 교류 지속하기

직접 만날 수 없는 친구들, 친척들을 온라인을 통해 자주 만나도록 창의적인 방법을 고안해 봅니다. 인터넷·게임 중독이 되면 아이들은 친구들과의 관계가 멀어지고 혼자만의 세상에 고립됩니다. 하지만 코로나 상황에서 인터넷은 친구와 안전하게 만나는 다양한 기회를 만들어 줄 수 있습니다. 온라인으로 사람들을 만나는 방법에 익숙해지면서 이제는 외국에 있어서 평소에 잘 만나지 못했던 친척이나 친구들을 더 자주 만나고 대화를 나누게 되는 변화도 생겼습니다. 이러한 온라인의 장점을 보다 적극적으로 활용하면서 사회적 소통을 계속 한다면, 아이들은 인터넷을 부적절하게 사용하거나 과도하게 집착하는 위험에서 벗어날 수 있고 코로나로 인한 외로움과 고립감도 줄일 수 있습니다.

코로나 상황을 겪으면서 인터넷을 이용한 사회적 교류 방법이 점점 다양하게 개발되고, 이를 창의적으로 사용하는 사례도 많이 소개되고 있습니다. 줌(Zoom) 프로그램을 통해서 전국에 흩어져 있는 친척들이 동시에 모여 새해 인사를 주고받기도 하고, 한 학년을 마친 같은 반 친구들이 담임 선생님과 함께 파자마 파티를 하기도 합니다. 친구와 영상 통화를 하며 함께 영화를 볼 수도 있습니다. 온라인 게임에 친구들이 동시에 접속해 채팅으로 서로의 근황을 주고받는 것은 친구들과 교류하는 손쉬운 방법이 되었습니다. 어떤 게임을 같이 하는지 부모님의 감독이 필요하지만, 친구들과의 만남을 위해 게임에 참여하는 시간은 게임 자체보다 친구와 수다를 떨기 위한 시간으로 간주하는 것이 적합할 수도 있습니다.

참고 자료

이재갑, 김은지, 이선희, 《궁금해요 코로나19》, 토토북, 2020
정현선, 《시작하겠습니다, 디지털 육아》, 우리학교, 2017
폴 폭스먼, 《불안한 내 아이 심리처방전》, 김세영 옮김, 예문아카이브, 2017
이혜림, 정의준, 〈게임 이용자의 정신 건강 신념과 자기 해석이 공격성에 미치는 효과에 관한 연구〉, 《한국컴퓨터게임학회논문지》28(2), 2015, p.43~51.
〈2020 아동 재난대응 실태조사〉, 굿네이버스
〈코로나19 과학 리포트 Vol.7〉, 기초과학연구원
송수연, 〈신종 '공갈젖' 스마트폰… 아기들의 뇌가 위험하다〉, 《서울신문》, 2015.5.5
https://www.seoul.co.kr/news/newsView.php?id=20150506001009
CHILD MIND INSTITUTE https://childmind.org/

Part 4

코로나와 양육자
스트레스 문제

01

"'돌밥' 때문에 미쳐버릴 것 같아요

양육 스트레스

11살, 7살 아들 둘을 키우는 혜성 씨는 일 년 가까이 이어진 집콕 생활에 너무 지쳐 있습니다. 코로나로 초등학생인 큰아들은 일 년 내내 학교를 거의 가지 못했고, 유치원생인 둘째 역시 유치원에 거의 나가지 못했습니다. 게다가 최근 코로나가 심해져 그나마 숨통을 틔워줬던 학원까지 못 가게 되면서 두 달 가까이 아이들과 집에서만 생활 중입니다. 아침에 일어나 아침식사를 준비하고, 잠시 후 간식 챙기고, 또 점심식사 준비하고 치우고, 빨래와 집안 청소까지 해야 합니다. 또 틈틈이 아이들에게 공부하라고 재촉하고, 그러다 보면 또 다시 저녁식사 준비하고 치우고…. 엄마들 사이에서 우스갯소리로 '돌아서면 밥' 혹은 '밥하다가 돌아버리겠다'라는 뜻으로 '돌밥'이라는 말을 하던데 누가 지었는지 정말 공감됩니다. 이렇게 쳇바퀴처럼 반복되는 '돌밥'의 일상 외에도 "엄마 이거 안 돼!" "엄마 이거 왜 이래?" "엄마 이거 못 봤어?"라며 아이들이 수시로 "엄마!"를 불러대는 통에 제대로 쉴 수도 없습니다. 이렇게 하루 종일 아무 도움 없이 모든 것을 혼자 해야 하는 독박 육아 때문에 오후가 되면 급속도로 피로감이 몰려와 아이들에게 자꾸 언성을 높이고 짜증을 내게 됩니다. 좋은 엄마이고 싶은데, 내 눈치를 보는 아이들을 볼 때마다 미안한 마음이 듭니다.

초등학교 1학년 아이가 있는 은주 씨는 요즘 하루하루가 살얼음 같습니다. 맞벌이 부부인 그녀는 코로나 초반에는 아이가 학교에 가지 못하는 날이면 차로 30분 거리인 친정에 아이를 맡기고 출근하곤 했습니다. 하지만 최근 확진자가 급증하고 고령자 감염 위험이 높아지면서 더 이상 친정에 맡길 수 없게 돼 결국 아이를 '긴급 돌봄'에 맡기기로 했습니다. 학교 수업도 온라인으로 하는데, 집단생활을 하는 긴급 돌봄에 아이를 맡기는 게 너무 찜찜하고 아이에게도 미안하기만 합니다. 하지만 현재로서는 다른 대안이 없습니다. 그마저도 아이를 온전히 맡기기에는 한계가 있습니다. 긴급 돌봄이 끝난 뒤 한 시간 정도는 아이 혼자 시간을 보내야 하기 때문입니다. 그동안은 학원에서 아이를 맡아줬었는데, 학원도 휴원에 들어가면서 아이 혼자 집에 있는 시간이 길어졌습니다. 집에서 뭘 하고 있을지, 위험한 일은 없는지, 혹시나 안 좋은 영상 등에 노출되는 것은 아닌지 별별 생각이 다 들어 불안하기만 합니다.

코로나19가 시작된 초기에만 해도 잘 버텼는데, 이 상황이 일 년 넘도록 지속되니 정말 미칠 것 같다. 처음에는 코로나에 감염될까 봐 걱정하며 다들 안전하게 집 안에서만 생활하자고 했는데 이제 더 이상 집 안은 안전한 공간이 아니다. 최소한 나에게는 스트레스의 근원지, 우리 모두를 가두는 감옥이자, 더 이상 서로를 배려하기 힘든 전쟁터이다. 꼬박 일 년 동안 돌아서면 밥하고 치우고, 정리하고 돌아서면 또 어질러져 있는 집 안을 수시로 맞닥뜨려야 했다. 싸우고, 소리 지르고 뛰어다니는 아이들을 자제시키며 온라인 학습을 하도록 끊임없이 잔소리하며 실랑이를 해야 했다. 게다가 유치원이나 학교를 안 가니 아이들이 잠자리에 드는 시간이 점점 늦어져 육아 퇴근을 못할 때도 많았다. 이런 일상이 매일 반복되니 마치 돌봄 기계가 된 것 같다. 그런 나를 더욱 힘들게 하는 건 이런 일상이 언제 끝날지 알 수 없고, 어느 누구의 인정이나 성취도, 도움도 기대할 수 없다는 것이다. 거기다 남편은 자신은 나가서 돈을 벌어오니 집 안일과 육아는 당연히 내 몫이라고 생각한다. 심지어 쉬는 날이면 방안에 틀어박혀 게임만 하고 있다. 회사에 비하면 아무것도 아니라면서 내가 집 안일과 육아로 스트레스 받는 것을 이해하지 못한다. 이 일로 남편과 몇 번 싸우기도 했지만 그때마다 '아이들도 제대로 못 다루는 무능한 엄마'라는 말만 들을 뿐 어떤 변화도 없었다. 부부싸움으로 인해 아이들만 더 불안해하는 것 같아 이제는 포기한 상태다. 그런데 이런 상태가 하염없이 길어지니, 요즘에는 정말 아무것도 하기 싫고 피곤하기만 하다. 몸이 피곤하니 아이들에게도 이전보다 더 자주 짜증을 내게 된다. 아이들이 "엄마"라고 부르기만 해도 "왜 또!"라고 큰소리를 내게 된다. 게다가 온라인 수업을 제대로 듣지 않거나 게임을 하고 있으면, 정말 주체할 수 없이 화를 내게 된다. 요즘 아이들이 내 눈치를 보며 슬슬 피하는 것이 보이지만, 분노를 조절하는 것이 정말 어렵다. 아이들이 잠들고 집 안이 조용해지면 짜증과 분노는 가라앉지만, 그날 짜증냈던 만큼의 자괴감과 자책감이 마음의 짐이 되어 나를 무겁게 짓누른다. 요즘 하루하루가 정말 힘들다. 나 이대로 괜찮은 걸까?

아이의 속마음

요즘 엄마의 잔소리가 너무 심해졌다. 학교도 안 가고 집에 있으니 편하게 있고 싶은데, 엄마는 계속 잔소리만 한다. 집에서는 실컷 자유를 누리고 싶은데, 늘 감시당하는 기분이다. 게다가 요즘에 엄마, 아빠가 너무 자주 싸운다. 매일 집에만 있으니 싸우는 모습을 더 자주 보게 된다. 그럴 때마다 마음이 너무 불편하다. 방문을 닫고 있어도 소리가 너무 크게 들려온다. 이러다가 부모님이 이혼하는 것은 아닌지 걱정도 된다. 그러면 나는 어떻게 되는 걸까?

'코로나 양육 스트레스'란 무엇인가요?

우리 사회는 전통적으로 부모가 되는 순간부터 자녀를 위해 모든 것을 헌신하는 모성애를 기대합니다. 하지만 시대와 상관없이 육아는 힘들고 고된 일입니다. 과거의 대가족 중심 사회에서는 아이를 돌볼 사람이 많았음에도 육아는 매우 힘들고 어려운 일로 여겨졌습니다. 그러니 육아가 오롯이 부모에게 집중된 현대의 핵가족 중심 사회의 부모들은 이전보다 자녀 양육으로 인한 부담을 훨씬 크게 느낄 수밖에 없습니다. 이처럼 부모 역할을 하는 과정에서 경험하는 심리적 부담과 불편을 통칭해 '양육 스트레스'라고 합니다. 여기에 '코로나19'라는 재난이 더해지면서 그 정도가 더욱 심해진 형태를 '코로나 양육 스트레스'라고 부릅니다. 즉, 코로나 팬데믹으로 인해 가정과 직장, 학교의 경계가 허물어지고 집 안에 고립되면서 가정에서 양육의 책임과 함께 학업의 책임까지 더해져 양육자가 경험하는 스트레스의 정도가 극도로 심해진 상태를 말합니다. 이렇게 양육 스트레스가 극도로 심해지면 부모 개인의 양육 행동과 심리적 적응, 안녕에 심각한 영향을 미칠 뿐 아니라, 나아가 배우자 및 자녀와의 관계 갈등, 자녀 학대로까지 이어질 수 있습니다.

코로나로 양육 스트레스를 더 심하게 느끼는데 왜 그럴까요?

앞서 설명했듯 코로나 양육 스트레스는 기존의 양육 스트레스에 '코로나19'라는 재난이 더해지며 더욱 심해진 형태입니다. 따라서 기존의 양육 스트레스가 어느 정도였는지, 코로나로 인해 양육 부담이 어느 정도로 늘어났는지에 따라 개인이 느끼는 코로나 양육 스트레스는 다를 수 있습니다.

그렇다면 기존의 양육 스트레스에는 어떤 것들이 있는지 먼저 알아야 합니다. 양육자가 느끼는 스트레스의 원인은 크게 자녀로 인한 양육 스트레스, 부모의 특성으로 인한 양육 스트레스 그리고 일상생활의 변화로 인한 스트레스가 있습니다. 각각의 스트레스원에 해당하는 항목이 많을수록 양육 스트레스를 더 심하게 느낄 수 있습니다. 각각의 스트레스원에는 어떠한 항목들이 있으며 자신이 얼마나 많은 항목에 해당하는지는 아래에서 확인해 볼 수 있습니다.

① 자녀로 인한 양육 스트레스

아래 상자에서 해당 사항이 많을수록 자녀의 특성으로 인한 양육 스트레스를 많이 받을 수 있습니다.

> ☐ 자녀가 산만하고 충동적이다.
> ☐ 자녀가 새로운 것에 적응하는 것을 어려워한다.
> ☐ 자녀가 요구가 많고 들어주기 어려운 요구를 한다.

□ 자녀가 자주 울거나 짜증을 낸다.

□ 자녀의 학습 능력이나 사회성 등이 부모의 기대에 미치지 못한다.

□ 자녀와의 상호작용에서 즐거움을 별로 느끼지 못한다.

② 부모의 특성으로 인한 양육 스트레스

아래 상자에서 해당 사항이 많을수록 부모 자신의 특성으로 인한 양육 스트레스를 많이 받을 수 있습니다.

□ 아이를 잘 키울 자신이 없다.

□ 친구 및 동료, 친척 등 주변 사람들과 자주 만나지 못하고, 혼자 있는 것 같다.

□ 자녀와 소통하는 데 어려움을 느낀다.

□ 건강에 문제가 있다.

□ 기분이 우울하다.

□ 양육으로 인해 개인적인 시간을 갖지 못한다.

□ 양육으로 인해 사회적 성취에 지장을 많이 받는다.

□ 배우자와의 관계가 원활하지 못하다.

□ 배우자로부터 충분한 정서적 및 물리적 지지를 받지 못한다.

③ 생활 변화로 인한 스트레스

아래 상자에서 해당되는 일상생활의 변화도 양육자의 스트레스에 기여할 수 있습니다.

□ 수입의 변화: 수입의 감소나 증가, 부채의 증가
□ 관계의 문제: 직장 상사의 문제, 학교 교사와의 관계
□ 배우자 관계의 변화: 별거, 이혼, 재결합, 결혼
□ 새로운 변화: 임신, 이직 등

자녀로 인한 스트레스, 부모 특성으로 인한 스트레스, 생활 변화로 인한 스트레스에 해당하는 항목이 많을수록 양육 스트레스를 더욱 심하게 느끼게 됩니다. 여기에 코로나로 인해 양육 부담이 더해지면서, 기존에는 해당되지 않던 항목이 추가되거나 기존의 스트레스 정도를 더욱 심화시킬 수 있습니다. 이렇게 심화된 스트레스가 내가 감당할 수 있는 정도를 넘어서게 되면 신체 및 정서적인 증상에 나타나고 이는 나의 마음을 돌아보고 주변의 도움을 받으라는 신호입니다.

스트레스의 정도에는 개인차가 있기 때문에 본인의 스트레스 정도를 정확히 알고 싶다면 기관이나 병원 등에 방문하지 않고도 적은 비용으로 정식검사를 받아볼 수 있습니다.

☑ K-PSI 부모 양육 스트레스 검사(유료)

만 1~12세 자녀를 둔 부모가 경험하는 양육 스트레스를 측정하기 위한 검사로 자신의 양육 스트레스 정도에 대한 자세한 결과를 받아볼 수 있다.

육아 퇴근이 없는 요즘, 힘든 게 정상이지요?

직장인들은 퇴근 시간을 기다리며 고된 하루를 견디고, 퇴근 후 긴장했던 몸을 풀며 에너지를 충전합니다. 이렇게 끝나는 시간이 정해져 있다는 것은 현재의 어려움을 견디게 하고, 이후의 휴식 시간을 더욱 풍성하게 만들어줍니다. 그런데 코로나로 인해 직장과 학교, 가정 간의 경계가 무너지며 출근과 퇴근의 경계 역시 모호해졌습니다. 즉, 온라인 수업이나 재택근무로 인해 시작 시간과 끝나는 시간이 유동적으로 변했고 우리의 생활을 구획화하던 시간관념까지 바뀌었습니다.

유치원이나 학교는 등교시간과 수업시간, 쉬는 시간, 점심시간이 명확히 구분돼 있어 아이들은 그 시간에 맞춰 생활을 합니다. 아이가 등교(혹은 등원)하고 나면, 양육자는 잠시 쉬며 자신을 돌아보고, 에너지를 충전하는 시간을 가질 수 있었습니다. 그런데 코로나로 인해 가정이 온전히 양육과 학업의 책임을 모두 떠맡으며, 명확하게 구획되어 있던 시간의 경계도 허물어지고 말았습니다. 유치원이나 학교에서의 교육 기능이 온라인 수업의 형태로 가정으로 이동했지만, 교육기관의 명확한 시간 구분까지 가정에서 유지하기에는 한계가 있기 때문에 명확했던 '시간관념'은 점차 사라지고 있습니다.

양육자는 아침에 일어나지 않는 아이와 씨름하고, 온라인 수업을 듣지 않으려는 아이와 실랑이를 하다 결국 아이가 원하는 대로 따라가게 됩니다. 이렇게 희미해진 시간 구분은 기상시간과 수업시간을 점차 늦출 뿐 아니라 아이의 '자율'에 따라 생활 패턴까지 무너져버립니다. 아이의 자율적인 시간 구분에 맞춰 생활하다 보면 하루 종일 아이들 식사를 챙기고, 뒤치다꺼리기만 하다 양육자는 마음 편히 쉴 수도 없습니다. 게다가 아이의 취침시간이 늦춰지면서 양육자의 육아 퇴근 시간도 늦어집니다. 물론 아이가 정해진 규칙과 시간을 잘 따라주길 기대하며 여러 번 실랑이를 해보지만 아이가 잘 따라오지 못하고 힘들어한다면 결국 어쩔 수 없이 포기할지도 모릅니다. 이렇게 '육아 퇴근' 없이 긴장 상태가 오래 유지되면 체력은 금방 바닥나고 정서적 소진까지 가져옵니다. 육아 퇴근도 없고, 편안히 쉴 수 있는 시간을 보장받을 수 없는 요즘, 힘든 것은 당연합니다! 실제로 코로나로 인해 유치원 혹은 어린이집의 기약 없는 휴원과 학교의 온라인 수업이 지속되고, 아이들의 활동 반경이 가정으로 국한되면서 가장 크게 스트레스를 받는 직업군은 돌봄 비중이 큰 '전업주부'라는 것이 발표되었습니다.

코로나19로 불안하거나 우울하다 (단위: %)
지난해 4월 전국 17개 광역 시도의 15세 이상 국민 1500명 대상 조사

전체 평균	45.7
전업주부	59.9
자영업자	54.3
계약직 근로자	53.4
중고등학생	46.8

자료: 경기연구원

한편, 코로나로 인해 재택근무에 들어간 양육자들도 직장과 가정의 경계가 무너지면서 많은 어려움을 겪어야 했습니다. 처음에는 아이를 다른 곳에 맡기지 않고 직접 돌볼 수 있다는 것을 다행으로 여겼지만 집에서 육아와 업무의 이중고에 시달리며 퇴근 없는 매일을 보내고 있기에 당연히 힘들 수밖에 없습니다. 이전에는 직장과 가정이 분리돼 있어 각 공간에서 주어진 일을 효율적으로 처리할 수 있었습니다. 하지만 재택근무로 인해 가정에서 업무와 가정생활이 혼재되다 보니 지속적으로 우선순위의 갈등을 불러일으킵니다. 매일 집에 있는 상황에서 급하게 나를 찾는 아이에게 신경을 쓰다보면 어느새 밀린 직장 일 때문에 불편한 마음으로 에너지를 고갈시키게 됩니다. 반대로 직장 일을 우선순위에 놓고 처리하려다 보면, 자녀들을 조용히 시키기 위해 어쩔 수 없이 스마트폰을 쥐어줄 때도 있습니다. 이런 횟수가 잦아지면 '나 때문에 아이가 혹시 게임 중독이 되는 것은 아닐까?' 하는 죄책감이 들기도 합니다. 이런 날이 지속되면, 업무와 육아 모두 제대로 해내지 못했다는 자책감에 더욱 비참해지곤 합니다. 지금 같은 상황에서는 오히려 힘든 일은 힘들다고 받아들이는 것이 중요합니다! 억제된 감정은 나중에 더 큰 폭풍이 되어 양육자 자신과 다른 사람에게까지 휘몰아칠 수 있기 때문입니다.

매일 집에서 붙어 있다 보니 자주 화를 내게 돼요!

코로나 초기에는 질병에 대한 공포나 불안한 감정을 주로 느꼈지만,

사회적 거리두기와 스트레스 해소의 어려움으로 우울감을 느끼는 사람들이 늘어나면서 '코로나 블루'라는 신조어가 탄생했습니다. 그런데 최근에는 코로나 장기화로 일상생활의 회복에 대한 좌절감까지 커지면서 '분노' 감정이 더 우세하게 드러나고 있으며, 코로나로 생겨난 우울이나 불안 등의 감정이 분노로 폭발하는 상태를 뜻하는 '코로나 레드'라는 신조어까지 등장했습니다.

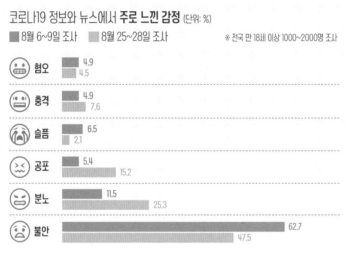

코로나19 정보와 뉴스에서 **주로 느낀 감정** (단위: %)
■ 8월 6~9일 조사　■ 8월 25~28일 조사　　　※ 전국 만 18세 이상 1000~2000명 조사

감정	8월 6~9일 조사	8월 25~28일 조사
혐오	4.9	4.5
충격	4.9	7.6
슬픔	6.5	2.1
공포	5.4	15.2
분노	11.5	25.3
불안	62.7	47.5

출처: 중앙일보　자료: 서울대 보건대학원 코로나19 연구팀

최근 들어 누적된 양육 스트레스로 인해 평소보다 더 예민하고 날이 서 있으며, 감정 조절이 잘 안 돼 아이들에게 너무 자주 화를 낸다고 호소하는 부모들이 부쩍 많아졌습니다. 특히, 매일 집에 붙어있다

보니 거슬리는 아이의 행동이 자꾸 눈에 들어와 잔소리를 하게 되는데, 계속된 잔소리에도 변화가 없고 똑같은 행동을 반복하는 아이의 모습에 특히 화가 치밀어 오른다고 합니다.

그렇다면 화나는 감정이 정말 문제일까요? 분노 감정은 안 생기는 것이 좋은 걸까요? 아닙니다. 분노는 생존에 필수적인 감정입니다. 생명(예, 원시시대에 맹수와 마주한 상황)이나 감정(예, 모욕을 경험)의 위협을 받는 상황에서, 우리는 분노하며 자신을 보호하기 위한 거대한 힘과 용기를 낼 수 있습니다. 또한 상대방과 싸워 이길 수 있는 잠재된 힘을 발휘할 수 있습니다. 이러한 분노 감정을 느끼면 심장박동이 빨라지고 많은 양의 혈류를 몸의 근육으로 보내 싸울 준비를 하게 합니다.

문제는 분노 그 자체가 아니라 분노로 인해 발생하는 공격적인 행동(혹은 분노 폭발)입니다. 앞서 언급한 것처럼, 분노를 느끼면 근육에 모인 혈류가 긴장을 발생시키는데, 이때는 목소리를 높이거나 무언가를 집어던짐으로써 이러한 근육의 긴장을 풀어내고자 합니다. 이것이 화가 나면 말과 행동이 거칠어지는 이유입니다. 이때의 분노 폭발은 자신을 보호하고 상대방을 해하려는 공격적인 의도를 포함하고 있기 때문에, 공격적인 행동뿐 아니라 말에도 수많은 가시가 담겨 상대방을 크게 위협하게 됩니다. 이것이 바로 부모의 분노 폭발에 기인한 꾸짖음 이후에 자녀들이 크게 위축되는 이유입니다.

자괴감과 죄책감으로 인해 더 힘들어요!

코로나로 인해 집 안에서만 머물게 되면서 자녀와 자주 부딪치고 짜증내거나 큰 소리를 내는 일이 많아졌다고 말하는 이면에는, 부모들이 경험하는 또 다른 고충인 '자책감' 혹은 '자괴감'이 있습니다. 자녀에게 순간 버럭 화를 내고 나서는 '이게 과연 최선이었나? 화를 내지 않고 말할 수 없었을까?'라고 자책하며 부모로서 자신이 부족하고 자격이 없는 것처럼 느끼는 빈도가 증가했고, 이러한 죄책감은 부모의 양육 스트레스를 더욱 가중시키고 있는 것으로 보고됩니다.

'죄책감'이란 사회에서 규정한 기준이나 규범에 자신이 이르지 못했다고 느낄 때 생기는 감정을 말합니다. 여기서 나아가 '양육 죄책감'이란 현재의 양육 행동이 사회에서 규정한 좋은 양육자의 모습에 미치지 못한다고 생각될 때 느껴지는 것으로 종종 후회와 미안함, 양심의 가책을 느끼곤 합니다. 부모라면 누구나 한번쯤은 '내가 아이를 잘 키우고 있는 게 맞을까?'라고 자신의 양육 방식에 대해 돌아보며 자녀에게 미안한 마음을 가져본 적이 있을 것입니다. 그런데 우리나라 양육자들은 북미나 유럽에 비해 자녀에게 훨씬 많은 시간과 노력을 투자하면서도 훨씬 큰 죄책감을 갖는다는 연구결과가 발표된 적이 있을 만큼 양육 죄책감이 높은 편입니다. 한 정신과 전문의는 우리나라 부모들의 양육 태도를 '낮버밤반(낮게 버럭, 밤에 반성)'이라고 묘사하기도 했습니다.

양육 죄책감을 감소시키기 위해서는 먼저 '좋은 양육자'에 대한 개념부터 살펴봐야 합니다. 과연 어떤 양육자가 좋은 양육자일까요? 앞서 살펴보았듯이, 양육 죄책감은 사회에서 규정한 '좋은 양육자'라는 규범과 맞물려 있습니다. 현재 우리 사회는 자녀의 양육 및 교육에 대한 일차적 책임을 양육자에게 부여하고, 너무 높은 '좋은 양육자의 기준'을 제시하는 편입니다. 최근 각종 TV프로그램이나 육아서에서는 '건강한 발달을 위해 늘 자녀와 함께하며 민감하게 반응해 주고, 자녀의 욕구와 심리를 정확하게 파악해 발달 단계에 맞춰 적절한 지원을 제공해 줄 뿐 아니라 엄마표 건강 음식을 챙겨주고, 교육에 대한 정보력까지 갖추면서도 결코 힘든 내색은 하지 말 것'을 요구하고 있습니다. 이렇게 양육자의 역할 기준을 '슈퍼맘'에 가까울 만큼 높게 설정해 놓은 탓에 이에 못 미치는 양육자들이 대거 양산될 수밖에 없습니다.

아마 이 책을 읽고 있는 독자도 육아서나 주위의 다른 양육자들을 보면서 양육자로서 자신의 부족함을 깨달으며 죄책감을 느껴본 적이 있을 것입니다. 예를 들어, 육아서에서 질적인 양육을 강조하며 '많이 놀아주고 책도 많이 읽어주어야 한다'는 규범에 동의하며 집콕이 시작되던 코로나 초반에만 해도 엄마표 사랑을 제대로 보여주리라 기대했을 겁니다. 하지만 집콕 생활에 지쳐 아이에게 장시간 텔레비전을 틀어주거나 스마트폰을 보게 하고, 그래도 여전히 더 쉬고 싶은 자신을 보며 '자녀를 위해 희생하지 못하고 자신만을 생각하는 나쁜 엄마'라고 여기며 죄책감을 느껴본 적이 있나요? 또는 온라인 학습에 잘 참여하지 못하는 아이에게 '절대 화내지 말고, 하나하나 차분히 설명해 줘야지'라고 결심했지만 막상 쉬운 문제도 제대로 집중해서 풀지 못하는 아이를 보는 순간 성질을 내고는 죄책감에 휩싸여본 적이 있나요? 혹은 자녀의 건강한 정서 발달을 위해 '엄마와 함께 보내는 시간'이 매우 중요하다는 말에는 동의하지만, 실제로는 직장생활로 인해 늦은 시간까지 시설에 아이를 맡겨두거나 집 안에서 혼자 기다리게 하는 상황이 자주 발생해 '함께 하는 시간이 부족한' 자신에 대해 죄책감을 느껴본 적이 있나요?

물론 육아서나 각종 양육 프로그램에서 제시하는 내용들이 잘못된 것은 아닙니다. 하지만 그 내용들 대부분은 '이상적인 환경'에서 이루어질 수 있는 '이상적인 내용들'이고 그것을 실제로 온전히 실천하기에는 어려움이 있습니다. 그런데 그 '이상'을 기준으로 여기고 자신에게 요구하다보면 심리적으로 큰 부담이 느껴져 쉽게 지칠 수 있습니다. 우리의 몸과 뇌는 서로 연결돼 있어 몸이 지치면 감정적으로도 바닥을 치기 쉽습니다. 그래서 처음에는 미안한 마음에 이상적인 방식을 따르려 시도하지만 기대만큼 반응하지 않거나 쉽게 바뀌지 않는 아이로 인해 지치고 서운한 마음에 짜증을 내며 끝낼 수도 있습니다. 시작은 좋은 양육자가 되려는 시도였지만 오히려 짜증만 내는 나쁜 양육자의 모습으로 마무리된 듯해 더욱 죄책감이 느껴질 수도 있습니다.

두 번째로 양육 죄책감을 감소시키기 위해서는 역설적으로 '자신에게 집중하는 것'이 필요합니다. 이를 위해서는 스스로를 위해 돈과 시간을 투자하면서 자신을 돌보는 것이 도움 됩니다. 물론 여기에는 자신의 몸 상태를 살피는 것도 포함됩니다. 양육자가 되면 모성애라는 이상에 갇혀 자신의 몸에 무신경해질 때가 많습니다. '희생'이나 '헌신'을 강조하는 과도한 모성애 이데올로기를 자신에게 주입하며 자신의 생리적 욕구(먹고 자는 것 등)를 너무 소홀히 하거나 무시해서는 안 됩니다. 신체의 컨디션은 정서 상태의 중요한 출발점입니다. 자신의 신체 관리를 위해 잘 먹고, 잘 자는 것이 매우 중요합니다.

마지막으로는 부족한 자신의 모습을 인정하고 받아주는 것입니다. 자신만 양육에 부담감을 느끼고 어려움을 겪는 게 아니라 모든 양육자들은 부족합니다. 양육 및 가사 분담을 하고 각자의 사정과 능력에 맞는 육아를 하는 것이 중요합니다.

요즘 남편과 너무 자주 싸워요! 못 참겠어요!

코로나는 우리 가정과 가족 간의 관계에도 많은 변화를 가져왔습니다. 시간적, 공간적으로 유지되던 각자의 적정 거리가 무너지며 가족 간의 많은 갈등이 야기되고 있습니다. 특히, 사회적 거리두기와 재택근무 등으로 인해 가족이 함께 지내야 하는 시간이 늘어나면서 가사노동 증가에 따른 분담 문제, 각자의 생활습관 문제, 여가활동에 대한 의견 차이(게임만 하는 남편 등), 육아 돌봄 문제 등에서 부부 간의 갈등이 자주 발생하는 것으로 보고되었습니다.

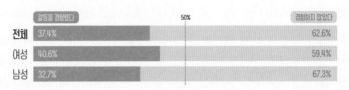

코로나19로 인한 **가족원 간 갈등 경험** (단위: %)

전국 고등학생 이하 자녀가 있는 국민 1500명 대상 　　　　자료: 여성가족부, 한국여성정책연구원

	갈등을 경험했다	50%	경험하지 않았다
전체	37.4%		62.6%
여성	40.6%		59.4%
남성	32.7%		67.3%

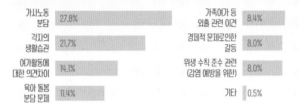

가족 갈등 원인 (단위:%)

가사노동 분담	27.8%		가족여가 등 외출 관련 이견	8.4%
각자의 생활습관	21.7%		경제적 문제로인한 갈등	8.0%
여가활동에 대한 의견차이	14.1%		위생 수칙 준수 관련 (감염 예방을 위한)	8.0%
육아 돌봄 분담 문제	11.4%		기타	0.5%

　　다양한 보도에 따르면 장기간의 사회적 거리두기와 이동 통제를 경험한 미국, 영국, 일본 등에서는 이혼 문의가 쇄도하고 있으며, 우리나라도 지난해 봄부터 이혼 관련 문의가 평소보다 1.5~2배 정도 증가했다고 보고되었습니다. 이렇게 코로나로 인해 이혼까지 고려하는 부부가 증가하면서 '코로나 이혼(Covidivorce)'이라는 새로운 용어가 등장할 정도입니다.

　　이러한 부부 갈등은 왜 생기는 걸까요? 한 공간 안에서 장시간 함께 머물다보면 평소 좋은 관계의 부부라도 앞서 언급한 종류의 갈등이 발생합니다. 그런데 평소 사이가 좋지 않은 부부였다면 이전부터 잠재돼 있던 문제들이 더 자주 드러나면서 사소한 말다툼에도 감정들이 한꺼

번에 쏟아져 나오며 극단으로 치닫는 형국에 처하게 됩니다.

지금처럼 사회적 격리 생활을 할 수밖에 없는 가족의 생활은 한 배를 탄 선원과 유사해 한 선원의 움직임은 다른 선원에게도 크게 영향을 줄 수 있습니다. 비록 한 선원의 문제가 더 우세하다고 할지라도 궁극적으로는 한 배를 타고 있는 만큼 서로 간의 협력과 조율이 중요한 시기입니다. 어떤 경우라도 해결의 실마리를 자신이 쥐고 있음을 인식하며, 다음과 같은 해결 방법을 찾아가는 것이 현재의 갈등을 감소시킬 수 있는 유일한 방법입니다.

갈등 관계에 있는 대부분의 부부들은 "우리 부부는 대화가 안 돼요!"라고 말합니다. 평소에도 소통이 잘 안 되는 부부가 오랜 시간 함께 붙어 있으면 당연히 갈등이 생길 수밖에 없습니다. 평소 부부가 서로 격려, 지지, 위로, 공감, 배려, 사랑 표현을 자주 해야 하고 대화 훈련도 해야 하는데, 이렇게 하기란 결코 쉽지 않습니다. 왜냐하면 대화의 방법은 두 사람의 자라온 배경, 가치관 등 자아상과 관련이 있기 때문입니다. 그래서 특별히 대화법을 배우지 않고도 적용할 수 있는 효과적인 부부 대화법 중 하나로 '3그' 대화법을 추천하곤 합니다. 먼저, 상대의 말에 "그래?"라고 말하며 '경청'을 연습하고, 다음으로 "그렇구나!"라고 말하면서 '공감'을 연습하고, 마지막으로 "그래서? 그래서 어떻게 됐어?"라고 말하면서 상대방의 말에 '공감적 피드백'을 연습하는 것입니다. 이러한 대화법은 '듣고 싶다'라는 자세를 상대방에게 전달

하는 만큼 상대방이 조금 더 편안하게 자신의 마음을 표현하도록 하고
대화를 주고받을 수 있도록 촉진합니다.

내가 없어지는 것 같아 너무 우울한데 괜찮은 걸까요?

코로나로 인한 사회적 거리두기가 장기화되면서 모두가 지치고 힘
들어하고 있습니다. 특히 방역 일선에서 힘겹게 투쟁하고 있는 의료진
들은 과도한 업무로 인한 피로와 스트레스가 지속되며 '번아웃 증후군
(Burnout Syndrome)'을 경험하고 있다는 뉴스도 자주 접하곤 합니다.

'번아웃 증후군'이란 마치 불이 다 타서 없어지듯, 의욕적으로 일에
몰두하던 사람이 극도의 정신적, 신체적 피로감을 호소하며 무기력해
지는 현상을 말합니다. 대체로 번아웃 증후군에 걸린 사람들은 정서적
인 탈진과 고갈을 느끼며, 냉담해지고, 더 이상 일에서 효율성을 경험
하지 못하곤 합니다. 이러한 번아웃 증후군은 의료현장에서만 나타나
는 것이 아니라, 제한된 집콕 생활로 인해 가정으로 몰린 과도한 가사
일과 양육, 아이의 학습 관리까지 담당하며 수개월째 퇴근 없이 일하
고 있는 양육자에게도 언제든 나타날 수 있습니다.

번아웃 증후군을 경험하는 양육자들은 다음과 같은 심리적 증상과
어려움을 호소합니다.

· 늘 피곤하고 기운이 없으며 육아 및 가사 현실에서 벗어나고 싶

은 마음이 든다.

· 육아 및 가사에 집중하기 힘들다.

· 왜 사는지 모르겠고 삶의 의미를 찾기 어렵다.

이러한 번아웃 증후군은 아래의 과정을 거치며 진행됩니다.

① 열성: 집콕 생활을 시작하며 그동안 못했던 혹은 못 해주었던 것들을 해주고자 의욕과 열정이 넘치며 여러 가지를 시도한다. 예를 들어 자녀에게 온라인 수업을 잘 들을 수 있도록 체계적인 계획을 짜주거나 부부 갈등을 감소시키기 위해 마음을 다잡고 노력할 수 있다. 잘해낼 거라는 강한 자신감이 있으며, 그 과정에서 보람과 성취감을 느끼기도 한다.

② 침체: 자신의 모든 것을 쏟아 부은 노력에 비해 결과가 명확히 드러나지 않아 서서히 힘겨워지기 시작한다. 처음에 느꼈던 열정은 점점 사라져가고, 체력 또한 고갈되어 간다.

③ 좌절: 자신의 기대와는 달리 육아 및 부부 관계에서 지속적으로 좌절을 경험하면서(예, 남편이 여전히 협조적이지 않음. 아이들은 여전히 학업에 집중하지 못함 등), 자신이 잘 하고 있는지 회의가 들고 이 모든 것에서 벗어나고 싶은 마음이 든다. 몸 여기저기가 쑤시는 듯한 통증을 경험하기도 한다.

④ 무관심: 위의 상황이 지속되면 스트레스는 극한에 이르고 과도

한 부담감을 느낀다. 여러 일에 무기력하고 집중하기 힘들어 결국 탈진 상태에 이르게 된다.

이는 독박 육아를 하는 양육자에게도, 그리고 일과 가정을 모두 돌봐야 하는 워킹맘 모두에게서 나타날 수 있습니다.

지난 한 달(1개월) 동안에 생활하면서 겪고 느낀 스트레스 정도를 알아보기 위한 테스트이다.

전혀 없었다	거의 없었다	가끔 있었다	자주 있었다	상당히 자주 있었다
0점	1점	2점	3점	4점

문항	0	1	2	3	4
1. 예상치 못했던 일 때문에 당황했던 적이 얼마나 있었습니까?					
2. 인생에서 중요한 일들을 조절할 수 없다는 느낌을 얼마나 경험했습니까?					
3. 신경이 예민해지고 스트레스를 받고 있다는 느낌을 얼마나 경험했습니까?					
4. 당신의 개인적 문제들을 다루는 데 있어서 얼마나 자주 자신감을 느꼈습니까?					
5. 일상의 일들이 당신의 생각대로 진행되고 있다는 느낌을 얼마나 경험했습니까?					
6. 당신이 꼭 해야 하는 일을 처리 할 수 없다고 생각한 적이 얼마나 있었습니까?					
7. 일상생활의 짜증을 얼마나 자주 잘 다스릴 수 있었습니까?					
8. 최상의 컨디션이라고 얼마나 자주 느꼈습니까?					
9. 당신이 통제할 수 없는 일 때문에 화가 난 경험이 얼마나 있었습니까?					
10. 어려운 일들이 너무 많이 쌓여서 극복하지 못할 것 같은 느낌을 얼마나 자주 경험했습니까?					

13~16점: 경도 스트레스

16~18점: 중등도 스트레스

18점 이상: 심한 스트레스 전문가 면담 필요

출처: 국가건강정보포털

양육 스트레스를 극복하는 법

☑ 완벽주의를 버리세요

우리 아이에게 최고의 부모가 되고 싶은 것은 누구나 갖게 되는 마음입니다. 하지만 그 마음을 지키려는 과정에서 육아가 스트레스로 변질될 수 있습니다.

완벽을 위한 부담감으로 스트레스를 받게 되면, 훗날 그런 부모를 보는 아이의 마음도 부담을 느낄 수 있습니다.

☑ 나만의 시간을 가지세요

나를 위한 혼자의 시간을 가지는 것이 중요하며, 이는 모든 부부에게 필요합니다. 잠시라도 육아에서 멀어질 수 있는 시간을 갖고, 잠깐의 외출을 통해 육아의 공간에서 벗어나는 기회를 만들어 보는 것이 좋습니다.

☑ 잠시라도 야외활동을 하세요

하버드대학교 연구진에 따르면, '햇빛 속 자외선이 엔도르핀 생성을 촉진해 기분을 좋게 만든다'고 합니다. 육아로 지치고 나가기 귀찮더라도 집에만 있지 말고, 시간을 두고 산책하거나, 야외에 앉아서 힐링 시간을 갖도록 해보세요.

☑ 비교하지 마세요

내 아이의 우월함을 내세우거나, 뒤쳐지지 않게 하기 위해 다른 부모의 육아 방식이나 육아 용품 등을 비교하지 않도록 해주세요. 몰랐던 정보

는 참고만 하고, 소신 있는 육아를 하도록 노력해 보시기 바랍니다. 다른 부모, 아이와의 비교 자체가 더 큰 양육 스트레스가 될 수 있고, 불필요한 요소에 예민해 질 수 있기 때문입니다.

☑ 계획을 세워보세요

'저녁은 뭘 먹지? 내일 아침은?' 먹는 것만큼 중요한 것은 없는데, 점심을 먹고 나면 바로 저녁이 걱정되는 것도 스트레스지요. 혼자라면 그냥 있는 데로 꺼내서 물에 밥을 말아 먹어도 괜찮은데 아이들을 생각하면 반찬 하나라도 더 챙겨야 하는 것도 꽤 신경 쓰이는 일입니다. 이럴 때는 다음날 세끼나 일주일 치 식단을 정해 놓고, 미리 장을 본 후, 실천을 해보는 것도 도움이 될 수 있습니다. 처음에는 이러한 계획이 귀찮을 수도 있지만, 습관이 되면 매일 반복적인 식단 고민을 줄일 수 있습니다. 중간중간 배달 음식을 끼워 넣어 보는 것도 좋겠지요.

분노 폭발을 제어하는 법

어떻게 하면 분노 폭발을 제어할 수 있을까요? 이를 위해서는 분노 감정이 분노 폭발로 이어지는 과정을 먼저 이해해야 합니다. 이는 2단계 과정을 거치는데, 발화 과정에 비유해보겠습니다. 발화가 순식간에 진행되려면 연료(예, 휘발유)와 촉발 물질(예, 성냥)이 필요합니다. 분노를 표출하는 과정에서의 연료는 스트레스인데, 이것이 1단계입니다. 즉, 스트레스가 높으면 공격적인 행동으로 이어질 가능성이 높아집니다.

우리는 주로 자신의 기대나 예상대로 되지 않는 상황에서 스트레스를 느낍니다. 예를 들어 약속시간은 다 돼 가는데, 교통 체증으로 차가 심하게 막힌다거나 앞차가 너무 서행하면 짜증이 납니다. 또한 쉬고 싶지만 어쩔 수 없이 늦게까지 일해야 하거나 이제 좀 쉴만하니 또다시 누가 불러 일을 해야 하는 상황이 오면 짜증이 날 수 있습니다. 하지만 짜증이 난다고 아무 때나 혹은 아무에게나 분노를 폭발시키지는 않습니다. '스트레스'라는 연료 자체가 곧바로 '분노 폭발'을 일으키지는 않기 때문입니다. 폭발은 바로 성냥과 같은 '촉발 물질'을 만나야 합니다. 연료와 촉발 물질이 만나는 것이 '분노 촉발 사고'로 이것이 2단계입니다.

분노 촉발 사고는 의식적이든 무의식적이든 자신이 설정한 기준이 있고, 이것을 깬 상대방이 '내 고통의 원인'이라고 해석하게 됩니다. 즉, 분노 폭발을 잘 하는 사람들은 자신이 옳다고 믿는 당위적 생각들(예, 학생이라면 '당연히' 온라인 수업을 성실하게 잘 들어야지. 물건은 '당연히' 제자리에 가져다 놓아야지. 어질렀으면 '당연히' 정리해야지, 사회적 거리두기를 '당연히' 잘 지켜야지)을 가지고 있고, 이를 상대방도 당연히 알고 따라야 하는 '기준'으로 여기며, 자신이 이 기준을 위해 (잔소리를 하며) 노력하고 있다고 생각합니다. 따라서 그 기준을 깬 것은 상대방의 잘못이며 이것이 자신을 힘들게 한 만큼 상대방에게 심하게 화를 내는 것은 당연하다고 여기는 것입니다. 결국 '내가 힘든 것은 너 때문이다' 그리고 '나는 피해자다'라고 생각하며 분노의 책임을 상대방에게 돌림으로써 분노 조절을 더욱 어렵게 합니다.

번아웃 증후군을 예방하는 법

코로나19로 인한 사회적 거리두기와 집콕 생활은 이제 '100미터 달리기'처럼 순간적으로 전력을 다해 뛰는 단기 레이스가 아니라 '마라톤'처럼 체력을 잘 분배하면서 달려야 하는 장기 레이스가 되었습니다. 따라서 어떻게 체력을 분배함으로써 성공적으로 레이스를 완주할 수 있을지 고민해야 '번아웃 증후군'을 예방할 수 있습니다.

☑ 자녀와 가족에 과도한 책임감을 느껴 스스로를 다그치지 마세요
자녀와 가족만큼 스스로를 소중하게 여기고 돌보는 것이 중요합니다. 양육자가 행복할 때 아이도 부모와 행복한 시간을 보낼 수 있습니다.

☑ 일과 여가의 균형을 적절하게 맞춰주세요
자신의 체력과 가족의 상황을 고려해 육아의 출근 및 퇴근시간, 휴식시간을 정하고 가족들에게 도움을 요청합니다. 만약 가족의 도움이 어렵다면 정부 및 시도에서 지원하는 '아이돌봄서비스'의 도움을 받는 걸 추천합니다.

아이돌봄서비스 공식 홈페이지에 가면 다양한 정보를 얻을 수 있다.

| 아이돌봄서비스 | 아이돌봄 사업소개 | 서비스 소개 | 서비스 이용 안내 | 정보마당 | 마이페이지 | ≡ |

아이돌봄 사업소개

- 시간제 서비스
  영아종일제 서비스
  질병감염아동지원
  기관연계 서비스

🏠 › 서비스 소개 › 시간제 서비스

시간제 서비스

시간제 서비스란?

- 만3개월 이상 ~ 만12세 이하 아동의 가정에 아이돌보미가 찾아가 1:1로 아동을 안전하게 돌보는 서비스입니다. 야간·공휴일 상관없이 원하시는 시간에, 필요한 만큼 이용하실 수 있습니다.
- 정부지원시간 소진 시에도 전액 본인 부담으로 서비스 이용 가능합니다.

┃ 시간제 서비스 개요

서비스 종류	이용대상	정부지원시간	이용요금	활동내용
시간제 일반형 서비스	만 3개월 이상 만 12세 이하 아동	연 840 시간	시간당 10,040원	일반적인 돌봄 활동 ※ 가사활동은 제외
시간제 종합형 서비스			시간당 13,050원	돌봄 아동과 관련된 가사서비스 제공

※ 아이돌봄 서비스는 예산 사업으로 예산 및 신규 수요 등에 따라 지원 대상, 지원 시간, 지원 금액 등이 변경이 있을 수 있습니다
※ 종합형을 제외한 모든 돌봄 서비스에 가사 활동은 포함되지 않습니다
※ 정부지원시간을 모두 소진하더라도 정부지원 없이 전액 본인 부담으로 서비스를 이용할 수 있습니다
※ '영아종일제'에 따라 등록된 '장애아동'으로, 장애아 정도가 심하여 '장애아동특수지원'형, 심 정애아 가족양육 지원 대상인 아동은 아이돌봄서비스를 이용하실 수 없습니다. '장애아동특수지원형', 장애 장애아 가족양육지원사업을 신청하거나, 장애아 맞춤형 서비스를 받으시기 바랍니다.

☑ **가까운 공원 산책 또는 가장 좋아하는 활동을 해보세요**

내가 살아있음을 느낄 수 있는 일을 할 때 활력이 되살아납니다. 이것을 위해 돈과 시간을 투자하는 것을 아끼지 마세요. 단기적으로는 자녀에게 투자하는 것이 더 좋을 것 같지만, 장기적으로는 자신을 위해 투자할 때 자녀에게 더 좋은 미래를 선물할 수 있습니다.

☑ **스트레스를 쌓아두지 말고 배우자나 친구에게 이야기하세요**

SNS를 이용해 가까운 지인들과 하루 일과를 공유하는 것도 좋고, 육아 카페에서 육아 중 느끼는 감정을 나누고 나만의 생각을 글로 적어보는 것도 기분전환에 도움 됩니다. 아마도 비슷한 경험을 해본 친구 또는 익명의 누군가가 전하는 공감의 말로 힘과 용기를 얻을 수 있을 것입니다.

☑ 너무 높은 목표보다 작은 성취를 목표로 정하세요

　　성취감은 소진되는 것으로부터 보호해줍니다. 처음에는 작은 목표로 시

　　작해 조금씩 늘려가는 것도 방법입니다.

02

양육관이 달라 매일 싸워요

양육관 차이

제 남편은 술·담배도 안하고 상당히 가정적인 사람입니다. 아이에게 관심이 많아서 육아

서적도 많이 읽고 아이를 자주 돌봐주는데, 오히려 그것 때문에 부딪히는 일이 생기곤 합

니다. 남편과 저의 육아관이 상당히 다르기 때문입니다. 그래도 이전에는 주말에만 이따

금 부딪히는 정도라 괜찮았습니다. 하지만 요즘에는 코로나로 인해 남편이 재택근무를 하

다 보니 '이건 이래서 안 좋고 저건 어떤 부분이 안 좋고' 하는 식으로 매일 잔소리를 하며

사사건건 간섭을 하니 정말 너무 짜증이 납니다. 특히 제 남편은 아이가 조금만 다쳐도 한

바탕 난리가 날 만큼 예민한 사람입니다. 그렇다 보니 밖으로의 외출이 안 되는 것은 물

론이고, 위생이나 감염 관련 문제에 더욱 예민해하고 지나치게 세심한 것까지 챙기면서

부딪히곤 합니다. 저는 아이를 좀 대범하고 편하게 또 자율적으로 키우고 싶다 보니 자꾸

남편하고 싸우게 됩니다. 어떻게 해야 할까요?

'육아빠'의 등장, 그런데 양육관이 너무 달라요!

사회적 거리두기와 집콕 생활의 연장으로 인해 가족이 함께 보내는 시간이 증가하면서 '돌봄'은 사회적으로 중요한 화두가 되었습니다. 특히 코로나로 인해 사회에서 일정 부분을 담당하던 돌봄의 기능이 가정으로 지나치게 쏠리면서, 남성들도 집 안일과 육아에 참여해야 한다는 요구가 높아졌습니다. 코로나로 개학이 계속 연기되던 2020년 1~6월의 우리나라 육아 휴직자 중 남성의 비율은 24.7%로, 그 이전 해에 비해 34.1%가 증가했다고 합니다. 이처럼 남성의 육아 참여가 늘어나면서 21세기 이후 등장한 신조어인 '육아빠('육아하는 아빠'의 줄인 말)' 혹은 '라떼파파(커피를 손에 들고 유모차를 끌고 다니는 남성을 일컫는 말로, 육아가 어색하지 않고 일상적으로 최적화된 아빠를 일컬음)'라는 용어가 더욱 대중화되었습니다.

육아빠는 단순히 육아를 돕는 것을 넘어서 함께 하는 것의 중요성을 인식하며 공동 육아하는 아빠의 등장을 의미합니다. 양육자로서의 아빠의 기능과 역할에 대한 연구에 따르면, 아빠도 엄마와 마찬가지로 아기의 신호에 민감하게 반응하는데 아기의 옹알이에 반응하거나 더 많이 말을 걸고, 신체놀이를 더 오래 하며, 갈등 해결 및 사회성 발달에 중요한 역할을 하는 것으로 보고되었습니다. 이제 가정의 경제만을 책임지는 역할이나 아내의 요구에 의해 어쩔 수 없이 수동적으로 참여하는 역할을 뛰어넘어 동등한 양육자로서 육아에 적극적으로 참여하는 아빠의 비율이 높아지고 있습니다.

그런데 아빠의 육아 동참이 오히려 부부 갈등으로 이어지는 경우가 있습니다. 특히 자녀가 취학 전 연령과 학령기에 이를수록 훈육 및 교육과 관련해 서로 다른 가치관으로 인해 양육 갈등이 본격화되곤 합니다. 예를 들어 아내는 다른 사람에게 폐를 끼치지 않는 사람으로 키우고 싶어 잘못하면 엄하게 혼내는 반면, 남편은 창의적이고 자율적인 사람으로 키우고 싶어 허용적인 편인 가정이 있습니다. 그런데 이 가정의 아이가 누군가에게 폐를 끼치는 행동을 해 엄마에게 혼이 났다면, 그 이후에 남편이 마치 자신의 기가 눌린 것처럼 아내에게 불만을 표시하며 부부싸움으로 번지곤 합니다. 왜 이러한 갈등이 생기는 걸까요?

서로 다른 성장 배경과 가치관을 지닌 부부가 함께 자녀를 키우는 과정에서 생각이 다른 것은 지극히 자연스러운 일입니다. 우리의 양육 가치관은 성장 과정 중에서 느꼈던 희열이나 아픔을 재연하거나 보완하고자 하는 부분을 포함하고 있습니다. 예를 들어 어렸을 때 물질적인 결핍을 많이 경험했고 그 부분의 아픔을 잘 알고 있는 경우에는 자녀에게 그러한 아픔을 주지 않기 위해 물질적으로 더 풍족하게 해주고자 할 수 있습니다. 어렸을 때 강압적인 환경에서 자라 그런 환경이 자신의 성격에 미친 영향을 잘 인지하는 사람은 자녀에게는 유사한 환경을 겪게 하고 싶지 않아 더 허용적인 환경을 제공할 수 있습니다. 이렇듯 양육 가치관은 옳고 그른 것의 문제가 아니라 자신의 인생 경험을 통해 얻은 소중한 가치가 포함되어 있습니다. 따라서 서로의 양육 가치관을 서로 존중하는 태도를 가질 때 서로 소통하는 대화를 이어갈 수 있습니다. 다만 자신의 경험이 전부가 아닐 수 있다는 것을 인정하는 것도 중요합니다. 과거의 경험은 하나의 자료일 뿐 이것만을 토대로 의사결정을 하는 것은 한계가 있습니다. 자녀의 기질과 성격, 현재의 환경은 부모의 기질과 성격, 성장 환경과 다르기 때문입니다.

행복한 공동 육아를 위해서는 아내와 남편 모두 상대방의 처지를 이해하고 자신에게는 문제가 없는지 점검해 보려는 자세가 필요합니다. 결국 공동 육아는 이해와 배려가 담보돼야 가능하기 때문입니다. 남편의 아빠 역할 수행을 아내가 지지하고 격려할 때 아빠의 양육 자신감이 커진다는 연구 결과가 많이 보고되고 있습니다. 따라서 다른 가족과 비교하며 탓하거나 자책하기보다 우리 가족만의 양육 방식을 마련하는 편이 바람직합니다.

조부모님이 아이의 응석을 다 받아주시는데 어떡해야 할까요?

고용노동부에서 13세 미만 자녀를 둔 직장인을 대상으로 설문조사한 결과, 지난 해 3월 개학 연기로 인해 42.6%의 가정이 아이 돌봄을 조부모나 친지에게 부탁했다고 합니다. 이는 부모가 직접 돌본 경우 (36.4%)나 긴급 돌봄(14.6%)보다 많은 비율입니다. 코로나 이전에도 조부모님이 아이를 돌보는 경우는 많았지만 아이가 학교나 유치원에서 돌아온 뒤 오후 시간 동안 돌보는 게 대부분이었고, 이렇게 장기간, 장시간 동안 조부모님이 오롯이 아이를 돌봐야 하는 일은 처음일 것입니다. 게다가 아이들의 온라인 수업, 가정학습까지 조부모님이 봐줘야 하는 상황이 되면서 많은 가정에서 다양한 어려움을 겪고 있습니다. 조부모님이 아이가 게임이든 미디어든 하고 싶은 대로 내버려둔다거나, 밥을 떠먹이고 옷을 입혀주는 등 너무 어리광을 받아준다는 하소연도 그 가운데 하나입니다.

부부 사이에도 육아에 대한 견해가 다른 것처럼 부모와 조부모도 당연히 육아에 관한 태도나 방식이 다를 것입니다. 이때는 '왜 이렇게 다르지?' 하며 고민할 것이 아니라 육아에 관한 입장 차이가 존재한다는 것을 기본적으로 전제해야만 합니다. 조부모는 부모에 비해 좀 더 너그러운 방식으로 아이를 양육하는 경우가 많습니다. 아무래도 자신의 자녀를 키우던 것에 비해 나이가 들어 어린 손자를 대하는 태도는 좀 더 여유 있거나 관대해지기 마련입니다. 또한, 조부모는 아이를 부모만큼 일관되고 강하게 훈육할만한 체력이나 에너지가 부족한 부분도 있을 것입니다.

기본적으로 양육자에게 가장 중요한 것은 긍정적이고 건강한 몸과 마음입니다. 그것은 조부모의 경우에도 마찬가지입니다. 조부모의 양육 방식에 불만이 있다면, 먼저 조부모의 양육 스트레스와 어려움을 살피고 그 어려운 역할을 인정해드리는 것부터 시작하는 것이 필요합니다. 그 다음 조율할 필요가 있는 최소한의 사항들을 적어보거나 표로 만들어 구체적으로 정하고 대화를 시작해야 할 것입니다.

아이 행동 조절을 위한 양육 방법

아이의 행동을 조절하기 위해 양육자는 여러 가지 방법을 사용한다. 대표적인 방법은 다음과 같다. 이러한 방법들은 모두 일관적으로 꾸준히 사용할 때 효과가 있다.

☑ 강화

아이의 행동에 대한 보상을 주는 것이다. 예를 들어 아이가 스스로 가방을 챙겼을 때 바로 칭찬을 해주거나 관심을 보여줄 수 있다. 흔히 사용하는 칭찬스티커도 강화의 한 방법이다. 아주 일상적이고 작은 부분에서도 부모의 관심을 받았을 때 아이들의 행동은 강화된다. 사실 나쁜 행동을 처벌하기는 쉽지만 오히려 그 행동을 하지 않을 때 관심을 두기란 쉽지 않다. 강화는 꼭 선물이나 큰 보상을 필요로 하지 않는다. 부모의 인정하는 말이나 안아주는 것만으로도 아이들의 행동이 강화될 수 있다.

☑ 처벌

아이의 행동에 대한 부정적인 피드백을 주는 것으로 아이의 행동을 조절할 수 있다. 예를 들어 아이가 욕을 할 때마다 '그만'이라고 외치고 일 분 동안 가만히 있게 할 수 있다. 처벌을 할 때는 아이가 자신이 이러한 행동을 했을 때 혼날 것이라는 것을 이미 알고 있어야 한다. 이는 기본적으로 부모와 신뢰가 바탕이 되어야 하며 평소 부모의 관심을 바라던 아이는 부정적인 관심조차 처벌이 아닌 강화로 받아들일 수 있다는 점을 주의해야 한다. 어떠한 경우에도 신체적 처벌은 바람직하지 않다.

☑ 무관심

고쳤으면 하는 아이의 부적절한 행동에 관심을 두지 않는 것이다. 아이가 괜한 떼를 쓰거나 짜증을 낼 때 거리를 두거나 부모가 여러 번 모른 척하면 그런 행동이 사라지는 경우가 있다. 물론 이것은 아이가 정당한 이유가 있어 부정적 감정 표현을 하는 것을 부모가 무관심하게 두는 것과는 다르다.

아빠들만이 해줄 수 있는 것들

영국 국립아동발달연구소는 1958년생 17,000여 명을 대상으로 지금까지도 지속적으로 추적조사 연구를 진행 중입니다. 옥스퍼드대학교는 이 자료를 바탕으로 자녀 양육에 관한 결과와 요인을 분석한 바 있습니다. '아이의 발달과 교육에 적극적인 아빠를 둔 아이는 학업성취도가 높고, 사회성이 좋으며 결혼생활에 성공적'이라는 결과를 얻었습니다. 로스 D. 파크Ross D. Parke 교수는 이러한 결과들을 '아빠효과(Father Effect)'라고 명명했습니다. 이는 엄마가 대신할 수 없는, 아빠만이 해줄 수 있는 것들이 있다는 것으로 아빠의 역할에 힘을 실어줍니다. 아빠가 엄마와 함께 육아에 동등하게 참여해 자녀와 상호작용을 하다보면 자연스럽게 아빠만이 해줄 수 있는 것이 드러나게 됩니다. 아빠의 육아 참여가 가져오는 아빠 효과는 좁게는 아이에게 향하지만, 넓게 보면 아빠 본인은 물론 배우자에게도 매우 긍정적인 영향을 미치기도 합니다. 자녀와 시간을 보내면서 아빠로서의 모습을 찾아가는 것, 자녀에게 해줄 수 있는 자신의 역할을 찾는 것이 아빠로서 성장의 첫걸음입니다.

그러면 아빠만이 해줄 수 있는 것에는 어떠한 것들이 있을까요?

☑ 자녀가 새로운 방식으로 시도하도록 격려합니다

일반적으로 엄마들은 아이와 퍼즐을 맞추는 놀이를 할 때 배운 방식대로 정형화되고, 교육적이고, 사회적으로 바람직하며, 비공격적인 방식을 선호합니다. 반면, 아빠들은 비구조화된 개방적 방식에 우호적이고, 공간을 많이 활용하는 편이고, 아이가 새로운 방식으로 시도하는 놀이를 격

려합니다. 아빠들은 '세상의 문을 열어주려고' 하고, "한번 해 봐!"라고 격려하는 반면, 엄마는 안전해질 때까지 "아직 아니야"라고 기다리게 하면서 보호하는 선택을 하는 편입니다. 즉, 아빠들은 상대적으로 아이의 욕구 중심으로 따라가 주면서, 놀이 자체의 즐거움(흥미)을 느끼게 하는 데 주력하는 경향이 강합니다.

☑ 아빠의 참여는 아이의 성취와 행복에 기여합니다

아빠와의 상호작용에서는 동적이고 활동적인 경험을 하는 경향이 있고, 이는 아이에게 보다 폭넓고 역동적이며 다양한 사회적, 정서적, 지적 자극을 접하게 할 수 있습니다. 따라서 아빠의 양육 참여는 엄마가 제공해주지 못하는 새롭고 흥미로운 경험을 아이에게 제공할 수 있습니다.

☑ 부부의 결혼만족도가 높아집니다

가사와 육아에 적극적으로 참여하는 남편은 아내에게도 좋은 영향을 미칩니다. 남편으로부터 지원을 더 많이 받을수록 아내는 결혼생활에서 더 많이 행복해하고 양육 행동을 더 잘 수행합니다. 이는 아빠의 양육 참여가 엄마의 양육 부담을 완화시킴으로써 엄마의 긍정적 양육 행동을 이끄는 토대가 되기 때문입니다.

☑ 아빠 자신의 삶의 만족도가 높아집니다

아내의 만족감이 높은 것은 남편에게도 도움이 됩니다. 결혼생활에서 행복감을 느끼는 아내를 둔 남성은 스스로도 더 행복한 경향이 있습니다.

☑ 아빠 자신의 변화와 발달도 이뤄집니다

아빠가 된 후 인성의 변화를 연구한 결과, 아빠가 엄마보다 자녀 양육을 통한 인성의 변화가 크다는 것으로 드러났습니다. 아빠의 양육 참여가 증가하면 아빠의 개인적 발달 면에서 자아존중감과 자신감, 아빠역할에 대한 만족이 향상되며, 아빠의 긍정적인 자아이미지를 향상시킵니다.

공동 육아를 위한 지침 : 육아 문지기를 조심할 것!

아이의 건강한 발달과 행복한 가정을 위해서는 아빠의 양육 참여가 중요하다는 점을 살펴봤습니다. 하지만 육아가 그리 쉬운 일은 아닙니다. 아빠 노릇에는 상당한 의지와 노력이 필요하기 때문입니다. 뿐만 아니라 아빠가 아빠 노릇을 잘 하기 위해서는 배우자와의 협력이 매우 중요합니다.

미국 캔자스 주립대학교의 드 루시M. F. De Luccie 교수는 아빠의 육아 참여에서 엄마가 '문지기(Gatekeeper)' 역할을 한다고 처음으로 제기했습니다. 엄마의 문지기 행동이란 남편의 양육 참여를 지지 혹은 억제하는 엄마의 태도나 행동을 말합니다. 즉, "아내가 자기 양육 방식을 고집할 때마다 아들과 나 사이가 아내에 의해 가로막히는 듯한 느낌이 든다"라고 말했던 한 육아빠의 표현처럼, 엄마가 아빠와 아이 사이에 문지기가 되어 아빠의 양육 행동이 엄마의 마음에 들면 문을 열어 주었다가 마음에 들지 않으면 양육에 참여할 기회를 닫는 방식으로 아빠의 양육 참여에 직간접적인 영향을 미치는 것을 말합니다. 이렇게 하면 아빠는 육아에 참여할 문이 닫혀 이전과 동일하게 수동적인 육아로 돌아가거나 육아에서 멀어질 수 있고, 엄마는 혼자 독박 육아를 할 수도 있습니다.

　따라서 문을 활짝 열어서 아빠의 자리를 마련해 주는 게 좋습니다. 아빠와 아이가 상호작용할 수 있는 시간이나 상황을 만들어 주고, 뭔가를 하려 할 때 평가하거나 비난하지 않는 게 중요합니다. 오히려 한 팀이 되어 격려하며 친절하게 아이에 대한 정보를 공유할 것을 권합니다. 이렇게 아빠는 아이와의 상호작용을 통해 자신만이 줄 수 있는 적절한 기능과 역할을 찾아갈 것입니다.

　또한 엄마가 자녀 양육에서 문지기 역할을 한다는 것은 아빠들에게도 주는 메시지가 있습니다. 바로 육아에 있어서 반드시 아내와 조율해야 한다는 것입니다. 만약 남편이 아내를 무시하고 일방적으로 자녀 양육에 참여하면 부부 갈등이 일어날 수밖에 없고, 결국 아이에게도 좋지 않은 영향을 미칠 수 있습니다. 부부가 끊임없이 대화하고 협의하고 상황에 따라 유연하게 대처하는 노력이 필요합니다.

서로 다른 육아관을 조율하는 법

조부모와 부모는 함께 아이를 돌보는 입장이지만 한편으로는 부모 자녀 관계인만큼 아이를 사이에 두고 갈등을 겪게 되면 매우 복잡하고 어려운 문제가 발생합니다. 조부모님이 지금 부모 세대의 방식으로 육아를 하기는 몹시 어렵습니다. 그렇다고 부모가 모든 것을 조부모님에게만 맡길 수만도 없습니다. 아이를 책임지고 키워나가는 것은 일차적으로 부모의 역할이기 때문입니다. 부모와 육아의 협력자로서 조부모가 서로 의견과 방법이 다른 부분을 조율해 나가는 것 또한 육아의 한 과정일 것입니다. 갈등을 해결하거나 의견 차이를 좁힐 때는 먼저 두 사람 사이에 신뢰와 애정이 있어야만 합니다. 조부모님과 부모가 불만을 말하기에 앞서 서로 일상이나 육아에 대한 충분한 대화가 있어야만 갈등이 발생한 부분에서도 원활하게 의견을 조율할 수 있습니다. 다음 몇 가지 사항에 주의하면서 서로 다른 의견을 조율해 나가면 좋겠습니다.

❶ 육아관이 다른 두 사람의 평소의 관계, 신뢰, 대화 여부가 매우 중요합니다. 평소 다른 일에 대해서도 많은 대화를 하고 서로의 삶의 방식을 인정하고 있는지 점검해볼 필요가 있습니다. 바쁜 일상에서 같이 시간을 내어 대화를 나누는 일은 어렵지만 꼭 필요한 일입니다.

❷ 부모가 먼저 육아에서 꼭 지켜야 할 원칙과 포기할 수도 있는 것을 구

체적으로 나누어 봅니다. 예를 들어 아이가 일어나고 자는 시간만큼
은 꼭 지키는 게 좋겠다면 그 외의 아쉬움은 일부분 내려놔야 합니다.
나이 든 조부모님이 육아 방식을 바꾸는 일은 굉장히 어렵습니다. 부
모가 꼭 변화했으면 하는 항목이 있다면 조부모가 실질적으로 쉽게
실행할 수 있는 방법을 의논해보고, 찾아드려야 할 것입니다.

❸ 양육에 관해 지시나 통보가 아닌 의논이나 조언을 구하는 방식으로
이야기를 해나가는 것이 좋습니다. 무조건 '이렇게 해주세요' 보다는
그렇게 생각한 이유를 설명하고 이해와 협조를 구해야합니다.

예시   〈부모-조부모 양육 의견 조율표〉

의논할 내용	게임 시간 지키기	과자 적게 먹기	아침에 일찍 일어나기
부모 입장	꼭 지켰으면	웬만하면 지켰으면	큰 상관없는
이유	게임 중독이 될까 봐	당을 너무 많이 먹으면 건강에 안 좋다.	아이가 힘들어하지만 크게 상관은 없다.
조부모 입장	통제하기 어려운	큰 상관없는	꼭 지켰으면
이유	애가 좋아하는데 그만 하도록 막기가 어렵다.	그 정도는 먹어도 된다.	사람은 아침에 일찍 일어나야 한다.
해결책	부모가 아이 핸드폰 관리 앱을 깔아놓고 확인한다.	덜 단 과자 위주로 사 놓는다.	아이랑 일어나는 시간을 약속으로 정해본다.

아이 맡길 때의 필수 지침

☑ 양육의 범위와 경계를 명확히 해야 합니다

조부모님이 많은 시간 돌봐주신다고 해도 아이의 기본 양육자는 부모입니다. 부모는 육아시간을 정하고 꼭 지켜야 합니다. 아이를 기관이나 다른 사람에게 맡겼을 때만큼 퇴근시간을 지켜서 조부모님이 규칙적으로 일과를 마무리할 수 있도록 하고 아이도 부모와의 시간을 확보할 수 있어야만 합니다.

☑ 조부모의 육아 스트레스 해소 시간을 꼭 확보해 드려야 합니다

아이 스케줄을 위해 포기한 많은 일상 속에서 일주일에 한 번이나 한 달에 한 번이라도 주기적으로 본인만을 위한 시간을 쓰실 수 있도록 하는 배려가 필요합니다.

☑ 감사 인사는 아무리 많이 해도 지나치지 않습니다

감사는 구체적인 것이 좋습니다. "어머님과 있어서 아이가 요즘 골고루

잘 먹게 되었어요" "할아버지랑 자주 산책해서 아이가 부쩍 다리에 힘이
생긴 것 같아요" 이렇게 자세한 표현이면 더 좋겠지요.

☑ 금전적인 부분은 서로 합의해 결정합니다

조부모님 입장에서는 아이 키우는 보람과 함께 금전적인 보상도 필요한
일입니다. 날짜를 잘 맞춰 드리는 것은 기본이며 시간 대비 정당한 수준
에서 함께 정할 필요도 있습니다.

☑ 아이 앞에서 조부모님의 위치와 역할을 인정해드려야 합니다

조부모님이 육아에 있어서 실수하거나 잘못했을 때 아이 앞에서 목소리
를 높이지 않도록 하고, 아이에게 조부모님에 대한 감사와 예의를 잊지
않도록 해야 합니다. 때로는 아이가 편안한 관계와 예의 없는 행동을 혼
동할 수 있습니다. 부모는 그 사이에서 중심을 잘 지켜야만 합니다.

코로나 시대 아이 생활 처방전

초판 1쇄 인쇄 2021년 3월 10일
초판 1쇄 발행 2021년 3월 15일

지은이 | 이화여자대학교 아동발달센터

발행인 : 유영준
편집팀 : 오향림
디자인 : 한희정 김윤남
인쇄 : 두성 P&L
발행처 : 와이즈맵
출판신고 : 제2017-000130호(2017년 1월 11일)

주소 | 서울 강남구 봉은사로16길 14, 나우빌딩 4층 쉐어원오피스(우편번호 06124)
전화 | (02)554-2948
팩스 | (02)554-2949
홈페이지 | www.wisemap.co.kr

ISBN 979-11-89328-38-2 (13590)